"十三五"普通高等教育汽车服务工程专业规划教材

 云南省普通高等学校"十二五"规划教材

车辆液压系统

陈文刚　主　编

U0293566

人民交通出版社股份有限公司
China Communications Press Co.,Ltd.

内 容 提 要

本书是"十三五"普通高等教育汽车服务工程专业规划教材,书中阐述了目前车辆中普遍使用的液压控制系统的相关理论和结构组成。全书共分为七章,内容包括液压系统的基础知识、汽车液压助力转向系统、汽车液压制动系统、汽车液压悬架系统、汽车液力自动变速器、发动机共轨系统、汽车起重机与自卸汽车液压系统。

本书为高等院校汽车工程类(车辆工程、汽车服务工程等)专业教材,也可作为高职高专、成教等汽车工程类专业教材,同时还可供从事机、电、液一体化的车辆液压控制系统的设计、制造和维护工程技术人员参考。

图书在版编目(CIP)数据

车辆液压系统 / 陈文刚主编. —北京:人民交通
出版社股份有限公司,2017.12
 ISBN 978-7-114-14319-9

Ⅰ.①车… Ⅱ.①陈… Ⅲ.①车辆—液压传动系统
Ⅳ.①TH137

中国版本图书馆 CIP 数据核字(2017)第 278026 号

书　　　名:车辆液压系统
著　作　者:陈文刚
责任编辑:曹　静
出版发行:人民交通出版社股份有限公司
地　　　址:(100011)北京市朝阳区安定门外外馆斜街 3 号
网　　　址:http://www.ccpress.com.cn
销售电话:(010)59757973
总　经　销:人民交通出版社股份有限公司发行部
经　　　销:各地新华书店
印　　　刷:北京市密东印刷有限公司
开　　　本:787×1092　1/16
印　　　张:11.5
字　　　数:258 千
版　　　次:2017 年 12 月　第 1 版
印　　　次:2017 年 12 月　第 1 次印刷
书　　　号:ISBN 978-7-114-14319-9
定　　　价:26.00 元

"十三五"普通高等教育汽车服务工程专业规划教材编委会

主任委员:许洪国(吉林大学)

副主任委员:

张国方(武汉理工大学)   储江伟(东北林业大学)

简晓春(重庆交通大学)   王生昌(长安大学)

李岳林(长沙理工大学)   肖生发(湖北汽车工业学院)

关志伟(天津职业技术师范大学)   付百学(黑龙江工程学院)

委员:

杨志发(吉林大学)   杜丹丰(东北林业大学)

赵长利(山东交通学院)   唐　岚(西华大学)

李耀平(昆明理工大学)   林谋有(南昌工程学院)

李国庆(江苏理工学院)   路玉峰(齐鲁工业大学)

周水庭(厦门理工学院)   宋年秀(青岛理工大学)

方祖华(上海师范大学)   郭健忠(武汉科技大学)

黄　玮(天津职业技术师范大学)   邬志军(皖西学院)

姚层林(武汉商学院)   田茂盛(重庆交通大学)

李素华(江汉大学)   夏基胜(盐城工学院)

刘志强(长沙理工大学)   孟利清(西南林业大学)

陈文刚(西南林业大学)   王　飞(安阳工学院)

廖抒华(广西科技大学)   李军政(湖南农业大学)

程文明(江西科技学院)   鲁植雄(南京农业大学)

钟　勇(福建工程学院)   张新峰(长安大学)

彭小龙(南京工业大学浦江学院)   姜连勃(深圳大学)

陈庆樟(常熟理工学院)   迟瑞娟(中国农业大学)

田玉东(上海电机学院)   赵　伟(河南科技大学)

陈无畏(合肥工业大学)   左付山(南京林业大学)

马其华(上海工程技术大学)   王国富(桂林航天工业学院)

秘书处:李　斌　曹　静　李　良

前 言

Qianyan

进入 21 世纪以来,伴随着国家汽车产业发展政策的调整,我国汽车产业进入了健康、持续、快速发展的轨道。市场需求强劲旺盛,产销数量快速增长,新品上市步伐加快,车型品种不断丰富,民族品牌悄然崛起,初步实现了与国际接轨。在汽车工业大发展的同时,汽车消费主体日益多元化,广大消费者对高质量汽车服务的渴求日益凸现,汽车厂商围绕提升服务质量的竞争业已展开,市场竞争从产品、广告层面提升到服务层面,这些发展和变化直接催生并推进了一个新兴产业———汽车服务业的发展与壮大。

当前,我国的汽车服务业正呈现出"发展快、空间大、变化深"的特点。"发展快"是与汽车工业本身的发展和社会汽车保有量的快速增长相伴而来的。"空间大"是因为我国的汽车普及率尚不够高,每千人拥有的汽车数量还不及世界平均水平的 1/3,汽车服务市场尚有很大的发展空间,汽车服务业将是一个比汽车工业本身更庞大的产业。"变化深"一方面是因为汽车后市场空前繁荣、蓬勃发展,大大拉长和拓宽了汽车产业链。汽车技术服务、金融服务、销售服务、物流服务、文化服务等新兴的业务领域和服务项目层出不穷;另一方面是因为汽车服务的新兴经营理念不断涌现,汽车服务的方式正在改变传统的业务分离、各自独立、效率低下的模式,向服务主体多元化、经营连锁化、运作规范化、业务集成化、品牌专业化、技术先进化、手段信息化、竞争国际化的方向发展,特别是我国加入世贸组织后,汽车产业相关的保护政策均已到期,汽车服务业实现全面开放。国际汽车服务商加速进入,以上变化必将进一步促进汽车服务业向纵深发展。

汽车工业和汽车服务业的发展,使得汽车厂商和服务商对高素质的汽车服务人才的需求比以往任何时候都更为迫切,汽车服务业将人才竞争视作企业竞争制胜的关键要素。在这种背景下,全国高校汽车服务工程专业教学指导委员会组织全国高校汽车服务工程专业的知名教授,编写了汽车服务工程专业规划成套教材。

本套教材总结了全国高校汽车服务工程专业的教学经验,注重以本科学生就业为导向,以培养综合能力为本位。教材内容符合汽车服务工程专业教学改革精神,适应我国汽车服务行业对高素质综合人才的需求,具有以下特点:

1. 根据全国高校汽车服务工程专业教学指导委员会审定的教材编写大纲而编写，全面介绍了各门课程的相关理论、技术及管理知识，符合各门课程在教学计划中的地位和作用。教材取材合适，要求恰当，深度适宜，篇幅符合各类院校的要求。

2. 内容由浅入深，循序渐进，并处理好了重点与一般的关系。符合认知规律，便于学习；条理清晰，文字规范，语言流畅，文图配合适当。

3. 贯彻理论联系实际的原则，教材在系统介绍汽车服务工程专业的科学理论与管理应用经验的同时，引用了大量国内外的最新科研成果和具有代表性的典型例证，分析了发展过程中存在的问题，教材内容具有与本学科发展相适应的科学水平。

4. 知识体系完整，应用管理经验先进，逻辑推理严谨，完全可以满足汽车服务行业对综合性应用人才的培养要求。

本书是汽车服务工程专业"十三五"规划教材之一，同时还是云南省普通高等学校"十二五"规划教材之一。本书内容系统全面，讲解深入浅出，是一本实用性和可操作性都很强的教材。本书的编写致力于帮助学生具备扎实的车辆液压系统基本理论和知识，掌握车辆液压系统最新相关理论进展情况，培养具有较高车辆相关知识、车辆中液压系统检测与维修技能、善于终身学习和勇于创新的汽车工程类（汽车服务工程、车辆工程、汽车运用与维修、交通运输等）人才。其特色在于：(1) 知识系统，分析透彻。体现在完整的学科知识结构与认知规律的有机结合，体系适用于上述汽车工程类本科生的教学；(2) 内容全面新颖，富有时代性，根据现代车辆液压系统的发展来组织教学内容；(3) 实用性，探索车辆液压系统与装置与实际应用的有机结合，一方面可以作为车辆液压系统（与装置）课的系统性教材，同时可作为学生自学和实习指导手册，具有较强的可操作性；教材内容重点和难点突出；实例多来自通过多种渠道获取的典型应用，具有较强的参考性和指导性。

本书由西南林业大学陈文刚担任主编，西南林业大学徐国林、郑丽丽、刘学渊担任副主编，西南林业大学马志磊、万能参编。陈文刚对全书进行了统稿和修正。徐国林和郑丽丽对全书进行校核。具体编写分工如下：第一章由郑丽丽、陈文刚编写；第二章由刘学渊编写；第三章由刘学渊、徐国林编写；第四章由万能、马志磊编写；第五章由陈文刚编写；第六章由郑丽丽编写；第七章由马志磊、万能编写。

由于时间仓促及编者水平所限，书中难免存在疏漏之处，恳请同行和读者提出宝贵意见，以便在今后的修订中不断完善。

编　者
2017 年 10 月

目 录

Mulu

第一章　液压系统的基础知识

第一节　概　　述

为了实现对某一机器或装置的工作要求,将若干液压元件连接或复合而成的总体,称为液压系统。液压系统的作用是通过改变压强增大作用力。按照工作特性不同,液压系统可分为液压传动系统和液压控制系统两大类。

液压传动系统以传递动力和运动为主,以信息传递为辅,追求传动特性的完善,该系统一般为不带反馈信号的开环系统。液压传动系统的基本任务是驱动、调速和换向,它的性能要求侧重于静态特性,只有特殊需要时才研究动态特性,而且一般只讨论外载力变化时对速度的影响,它的性能指标一般是调速范围、低速平稳性、速度刚度和效率等。

液压控制系统以传递信息为主,以动力和运动传递为辅,追求控制特性的完善,该系统一般为带反馈的闭环系统。液压控制系统除了要满足以一定速度进行驱动的基本要求外,更侧重于动态特性(如稳定性、响应性)和控制精度,它的性能指标一般是自动控制理论里所描述的静态性能指标和动态性能指标。

第二节　液压传动系统的原理与组成

一、液压传动系统的工作原理

图 1-1 为磨床工作台液压传动系统工作原理图。液压泵 4 在电动机(图中未画出)的带动下旋转,油液由油箱 1 经过滤器 2 被吸入液压泵 4,由液压泵 4 输入的压力油通过手动换向阀 11、节流阀 13、换向阀 15 进入液压缸 19 的左腔,推动活塞 25 和工作台 20 向右移动,液压缸 19 右腔的油液经换向阀 15 排回油箱;如果将换向阀 15 转换成如图 1-1b)所示的状态时,则压力油进入液压缸 19 的右腔,推动活塞 25 和工作台 20 向左移动,液压缸 19 左腔的油液经换向阀 15 排回油箱。工作台 20 的移动速度由节流阀 13 来调节。当节流阀开大时,进入液压缸 19 的油液增多,工作台的移动速度增大;当节流阀关小时,工作台的移动速度减小。液压泵 4 输出的压力油除了进入节流阀 13 以外,其余的打开溢流阀 8 流回油箱。如果将手动换向阀 11 转换成如图 1-1c)所示的状态时,液压泵输出的油液经手动换向阀 11 流回油箱,这时工作台停止运动,液压系统处于卸荷状态。

二、液压传动系统的组成

从上述例子可以看出,液压传动是以液体作为工作介质来进行工作的,一个完整的液压传动系统由以下几部分组成:

(1)液压泵(动力元件)。是将原动机所输出的机械能转换成液体压力能的元件,其作用是向液压系统提供压力油,液压泵是液压系统的心脏。

(2)执行元件。把液体压力能转换成机械能以驱动工作机构的元件,执行元件包括液压缸和液压马达。

(3)控制元件。包括压力、方向、流量控制阀,是对系统中油液压力、流量、方向进行控制和调节的元件。如图1-1中换向阀15即属控制元件。

(4)辅助元件。上述三个组成部分以外的其他元件,如管道、管接、油箱、滤油器等为辅助元件。

三、液压系统的图形符号

图1-1a)所示的液压系统图是一种半结构式的工作原理图。它直观性强,容易理解,但难于绘制。在实际工作中,除少数特殊情况外,一般都采用国标《液压传动系统及元件图形符号和回路图第一部分:用于常规用途和数据处理的图形符号》(GB/T 786.1—2009)所规定的液压与气动图形符号来绘制,如图1-2所示。图形符号表示元件的功能,而不表示元件

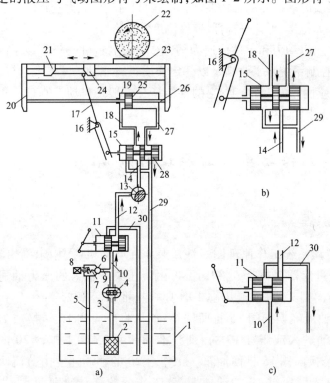

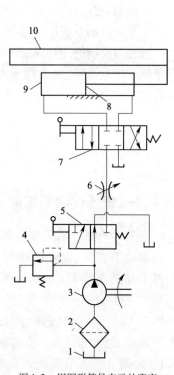

图1-1 磨床工作台液压传动系统工作原理

1-油箱;2-滤油器;3、5、9、10、12、14、18、27、29、30-油管;4-液压泵;6-钢球;7-弹簧;8-溢流阀;11-手动换向阀;13-节流阀;15-换向阀;16-支点;17-换向杆;19-液压缸;20-工作台;21-挡块;22-砂轮;23-工件;24-挡块;25-活塞;26-活塞杆;28-换向阀阀芯

图1-2 用图形符号表示的磨床工作台液压系统图

1-油箱;2-过滤器;3-液压泵;4-溢流阀;5-手动换向阀;6-节流阀;7-换向阀;8-活塞;9-液压缸;10-工作台

的具体结构和参数;反映各元件在油路连接上的相互关系,不反映其空间安装位置;只反映静止位置或初始位置的工作状态,不反映其过渡过程。使用图形符号既便于绘制,又可使液压系统简单明了。

第三节　液压控制系统的原理与组成

液压控制系统能够根据机械装备的需要,对位置、速度、加速度、力和压力等物理量按一定的精度进行自动控制。按照使用的控制元件不同,液压控制系统可分为液压伺服控制系统、液压比例控制和液压数字控制系统。

液压伺服系统也称为液压随动系统。在这个系统中,输出量能自动、快速、准确地跟随输入量的变化而变化,与此同时,输出功率被大幅度地放大。液压伺服系统具有体积小、质量小、反应快、动态性能好等优点。因此,除了国防工业和机械制造业外,汽车工业上也逐渐广泛地应用了这项技术。下面以液压伺服控制系统(简称液压伺服系统)为例,说明液压控制系统的原理和组成。

一、液压控制系统的原理与特点

图 1-3 是一种进口节流阀式节流调速回路。在这种回路中,调定节流阀的开口量,液压缸就以某一调定速度运动,当负载、油温等参数发生变化时,这种系统将无法保证原有的运动速度,因而其速度精度较低且不能满足连续无级调速的要求。这里将节流阀的开口大小定义为输入量,将液压缸的运动速度定义为输出量或被调节量。在图 1-3 所示的系统中,当负载、油温等参数的变化而引起输出量(液压缸速度)变化时,这个变化并不影响或改变输入量(阀的开口大小),这种输出量不影响输入量的控制系统被称为开环控制系统。开环控制系统不能修正因外界干扰引起的输出量或被调节量的变化,因此控制精度较低。

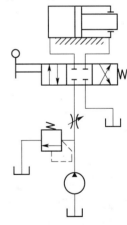

图 1-3　进口节流阀式
节流调速回路

为了提高系统的控制精度,可以设想节流阀由操作者来调节。在调节过程中,操作者不断地观察液压缸的测速装置所测出的实际速度,并判断实际速度与所要求的速度之间的差别。然后,操作者按这一差别来调节节流阀的开口量,以减少这一差值(偏差)。例如,由于负载增大而使液压缸的速度低于希望值时,操作者就相应地加大节流阀的开口量,从而使液压缸的速度达到希望值。这一调节过程可用图 1-4 表示。

由图 1-4 可以看出,输出量(液压缸速度)通过操作者的眼、脑和手来影响输入量(节流阀的开口量)。这种反作用被称为反馈。在实际系统中,为了实现自动控制,必须以电气设备、机械装置来代替人,这就是反馈装置。由于反馈的存在,控制作用形成了一个闭合回路,这种带有反馈装置的自动控制系统,被称为闭环控制系统。

图 1-5 为采用电液伺服阀控制的液压缸速度闭环自动控制系统。这一系统不仅使液压缸速度能任意调节,而且在外界干扰很大(如负载突变)的工况下,仍能使系统的实际输出速度与设定速度十分接近,即具有很高的控制精度和很快的响应性能。

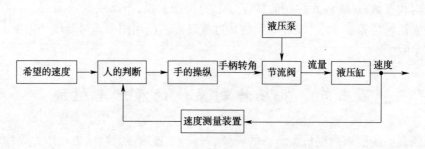

图1-4　液压缸速度调节过程示意图

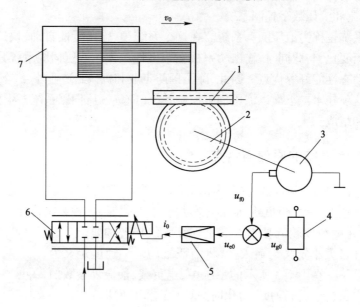

图1-5　阀控油缸闭环控制系统原理图

1-齿条;2-齿轮;3-测速发电机;4-给定电位计;5-放大器;6-电液伺服阀;7-液压缸

上述系统的工作原理如下:在某一稳定状态下,液压缸速度由测速装置测得(齿条1、齿轮2和测速发电机3)并转换为电压 u_{f0}。这一电压与给定电位计4输入的电压信号 u_{g0} 进行比较。其差 $u_{e0} = u_{g0} - u_{f0}$ 值经放大器5放大后,以电流 i_0 输入给电液伺服阀6。电液伺服阀按输入电流的大小和方向自动地调节其开口量的大小和移动方向,控制输出油液的流量大小和方向。对应所输入的电流 i_0,电液伺服阀的开口量稳定地维持在 x_{v0},伺服阀的输出流量为 q_0,液压缸速度保持为恒值 v_0。如果由于干扰的存在引起液压缸速度增大,则测速装置的输出电压 $u_f > u_{f0}$,而使 $u_e = u_{g0} - u_f < u_{e0}$,放大器输出电流 $i < i_0$。电液伺服阀开口量相应减小,使液压缸速度降低,直到 $v = v_0$ 时,调节过程结束。按照同样原理,当输入给定信号电压连续变化时,液压缸速度也随之连续地按同样规律变化,即输出自动跟踪输入。

综上所述,液压伺服系统的特点如下。

(1)反馈。把输出量的一部分或全部按一定方式回送到输入端,并和输入信号进行比较,这就是反馈。在上例中,反馈(测速装置输出)电压和给定(输入信号)电压是异号的,即反馈信号不断地抵消输入信号,这是负反馈。自动控制系统大多数是负反馈。

(2)偏差。要使液压缸输出一定的力和速度,伺服阀必须有一定的开口量,因此输入和输出之间必须有偏差信号。液压缸运动的结果又力图消除这个误差。但在伺服系统工作的任何时刻都不能完全消除这一偏差,伺服系统正是依靠这 一偏差信号进行工作的。

（3）放大。执行元件（液压缸）输出的力和功率远远大于输入信号的力和功率,其输出的能量是液压能源供给的。

（4）跟踪。液压缸的输出量完全跟踪输入信号的变化。

二、液压控制系统的组成

图 1-6 是上述速度伺服系统的职能框图。图中一个方框表示一个元件,框中的文字表明该元件的职能。带有箭头的线段表示元件之间的相互作用,即系统中信号的传递方向。职能框图明确地表示了系统的组成元件名称、各元件的职能以及系统中各元件的作用。因此,职能框图是用来表示自动控制系统工作过程的。

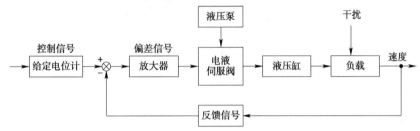

图 1-6　速度伺服系统职能框图

由框图 1-6 可以看出,速度伺服系统是由输入（给定）元件、比较元件、放大转换元件、执行元件、检测反馈元件和控制对象组成的。实际上,无论多么复杂的液压控制系统都是由这些基本元件构成的,如图 1-7 所示。各部分元件作用如下:

（1）输入（给定）元件——将给定值加于系统的输入端,该元件可以是机械的、电气的、液压的、气动的或者是它们的组合形式。

（2）检测反馈元件——测量系统的输出量并转换成反馈信号。

（3）比较元件——将反馈信号与输入信号相比较,得出误差信号。

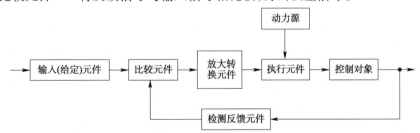

图 1-7　液压伺服控制系统基本组成框图

（4）放大转换元件——将误差信号放大,并将各种形式的信号转换成大功率的液压能量。

（5）执行元件——将产生的调节动作加于控制对象上,如液压缸、液压马达等。

（6）控制对象——具有待控物理量的各种各样生产设备及仪器。

三、液压控制系统的分类

液压控制系统的类型繁多,可按不同方式进行分类,每一种分类方式都代表一定的特点,具体类型见表 1-1。

第一章　液压系统的基础知识

序号	分类方式	类　型
1	按控制信号传递介质分类	(1)机械液压控制系统； (2)电气液压控制系统； (3)气动液压控制系统
2	按被控物理量分类	(1)位置控制系统； (2)速度控制系统； (3)加速度控制系统
3	按液压控制元件分类	(1)阀控(节流控制)系统； (2)泵控(容积控制)系统
4	按是否采用反馈分类	(1)开环控制系统； (2)闭环控制系统
5	按工作特性分类	(1)力(或力矩)控制系统； (2)压力(或压差)系统
6	按控制变量信号形式分类	(1)连续量控制系统； (2)离散量控制系统
7	按执行器分类	(1)回转运动系统； (2)直线运动系统

四、液压控制系统的优缺点

　　液压控制系统具备液压传动系统的一系列优点，除此之外，其本身在控制方面有以下优点：可以在运行过程中实现大范围的无级调速；在同等输出功率下，液压装置的体积小、质量小、运动惯量小、动态性能好；采用液压传动可实现无间隙传动，运动平稳；便于实现自动工作循环和自动过载保护；由于一般采用油作为传动介质，因此液压元件有自我润滑作用，有较长的使用寿命；液压元件都是标准化、系列化的产品，便于设计、制造和推广应用。

　　液压控制系统以液体为工作介质，因此带来如下缺点：液压伺服元件加工精度高，因此价格较贵；对油液污染比较敏感，因此可靠性受到影响；在小功率系统中，液压伺服控制不如电器控制灵活；液压系统的故障比较难查找，对操作人员的技术水平要求高，当采用油作为介质时还需要注意防火问题。随着科学技术的发展，液压伺服系统的缺点将不断得到克服。

第四节　液压控制阀与动力元件

　　液压控制阀是液压伺服系统中的主要控制元件，它直接或间接对执行元件的动作进行控制。液压控制阀的输入量为机械量，输出为液压量，因此，液压控制阀起到了机—液信号转换的作用，可以说液压控制阀是一个能量转换器。液压控制阀需要的输入功率很小，而输出功率是很大的，它有足够的能力推动液压缸活塞带动负载运动，从这个角度来说，液压控制阀是一个功率放大器。液压缸的运动方向和运动速度是由液压控制阀控制的，它起到了控制作用，因此，液压控制阀又可以说是一个控制器。液压控制阀的性能直接影响系统的工作性能，液压伺服系统的故障也往往与控制阀不正常工作有关。

一、液压控制阀的结构及分类

典型的液压控制阀有圆柱滑阀、射流管阀、喷嘴挡板阀。有时还采用它们之间组成的两级阀。

(一)圆柱滑阀

圆柱滑阀具有优良的控制特性,故在液压伺服系统中应用广泛。圆柱滑阀按照进出滑阀的通道数分为二通阀、三通阀、四通阀等,如图1-8a)、b)所示。按照阀芯台肩数目可分为双台肩阀、三台肩阀、四台肩阀,如图1-8b)、c)、d)所示。

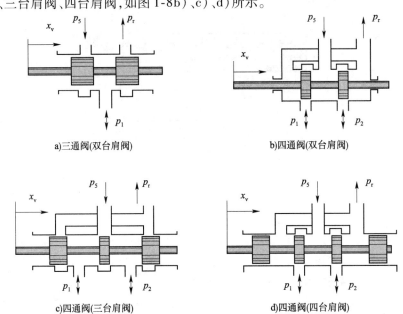

a)三通阀(双台肩阀)　　　　　　　　　b)四通阀(双台肩阀)

c)四通阀(三台肩阀)　　　　　　　　　d)四通阀(四台肩阀)

图1-8　各种圆柱滑阀结构示意图

根据滑阀控制边数(起控制作用的阀口数)的不同,有单边控制、双边控制和四边控制三种类型滑阀。图1-9a)所示为单边滑阀的工作原理。滑阀控制边的开口量x_s控制着液压缸右腔的压力和流量,从而控制液压缸运动的速度和方向。来自泵的压力油进入单杆液压缸的有杆腔,通过活塞上小孔a进入无杆腔,压力由p_s降为p_1,再通过控制滑阀唯一的节流边流回油箱。在液压缸不受外载作用的条件下,$p_1 A_1 = p_s A_2$。当阀芯根据输入信号向左移动时,开口量x_s增大,无杆腔压力减小,于是$p_1 A_1 < p_s A_2$,缸体向左移动。因为缸体和阀体连接成一个整体,故阀体左移又使开口量x_s减小(负反馈),直至平衡。

图1-9b)所示为双边滑阀的工作原理。压力油一路直接进入液压缸有杆腔,另一路经滑阀左控制边的开口x_{s1}和液压缸无杆腔相通,并经滑阀右控制边的开口x_{s2}流回油箱。当滑阀向左移动时,x_{s1}减小,x_{s2}增大,液压缸无杆腔压力p_1减小,两腔受力不平衡,缸体向左移动。反之缸体向右移动;双边控制滑阀比单边控制滑阀的调节灵敏度高、工作精度高。

图1-9c)所示为四边滑阀的工作原理。滑阀有四个控制边,开口x_{s1}、x_{s2}分别控制进入液压缸两腔的压力油,开口x_{s3}、x_{s4}分别控制液压缸两腔的回油。当滑阀向左移动时,液压缸左腔的进油口x_{s1}减小,回油口x_{s3}增大,使p_1迅速减小;与此同时,液压缸右腔的进油口x_{s2}增大,回油口x_{s4}减小,使p_2迅速增大。这样就使活塞迅速左移。与双边控制滑阀相比,四边控制滑阀同时控制液压缸两腔的压力和流量,故调节灵敏度高,工作精度也高。

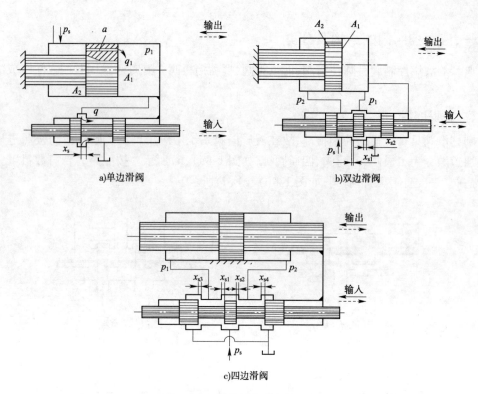

a)单边滑阀

b)双边滑阀

c)四边滑阀

图 1-9 各种圆柱滑阀结构示意图

由上述可知,单边、双边和四边控制滑阀的控制作用是相同的,均起到换向和调节的作用。控制边数越多,控制质量越好,但其结构工艺性越差。在通常情况下,四边控制滑阀多用于精度要求较高的系统;单边、双边控制滑阀用于一般精度系统。

四边滑阀在初始平衡的状态下,其开口有三种形式,即负开口($x_s < 0$)、零开口($x_s = 0$)和正开口($x_s > 0$),如图 1-10 所示。图 1-11 为三种开口形式滑阀的流量增益图,具有零开口的控制滑阀,其工作精度最高;负开口控制滑阀有较大的不灵敏区,较少采用;具有正开口的控制滑阀,工作精度较负开口高,但功率损耗大,稳定性也差。

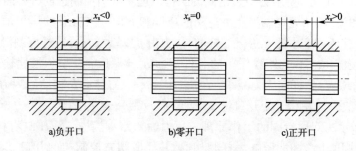

a)负开口   b)零开口   c)正开口

图 1-10 滑阀的三种开口形式

(二)射流管阀

图 1-12 所示为射流管阀的工作原理。射流管阀由射流管 1 和接收板 2 组成。射流管可绕 O 轴左右摆动一个不大的角度,接收板上有两个并列的接收孔 a、b,它们分别与液压缸两腔相通。压力油从管道进入射流管后从锥形喷嘴射出,经接收孔进入液压缸两腔。当射流管处于两接收孔的中间位置时,两接收孔内油液的压力相等,液压缸不动。当输入信号使射流管绕 O 轴向左摆动一小角度时,进入孔 b 的油液压力就比进入孔 a 的油液压力大,液压

缸向左移动。由于接收板和缸体联结在一起,接收板也向左移动,形成负反馈,当射流管又处于两接受孔中间位置时,液压缸停止运动。

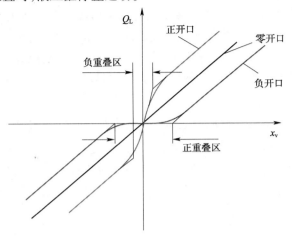

图 1-11　三种开口形式滑阀的流量增益

　　射流管阀的优点是结构简单、动作灵敏、工作可靠。它的缺点是射流管运动部件惯性较大、工作性能较差;射流能量损耗大、效率较低;供油压力过高时易引起振动。这种控制只适用于低压小功率场合。

(三)喷嘴挡板阀

　　喷嘴挡板阀有单喷嘴和双喷嘴两种,两者的工作原理基本相同。图 1-13 所示为双喷嘴挡板阀的工作原理,它主要由挡板 1、喷嘴 2 和 3、固定节流小孔 4 和 5 等元件组成。挡板和两个喷嘴之间形成两个可变的节流缝隙 δ_1 和 δ_2。

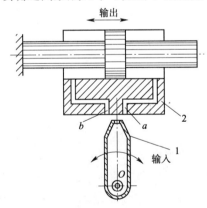

图 1-12　射流管阀的工作原理
1-射流管;2-接收板

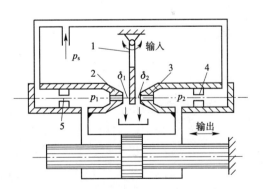

图 1-13　喷嘴挡板阀的工作原理
1-挡板;2、3-喷嘴;4、5-节流小孔

　　当挡板处于中间位置时,两缝隙所形成的节流阻力相等,两喷嘴腔内的油液压力相等,即 $p_1 = p_2$,液压缸不动。压力油经孔道 4 和 5、缝隙 δ_1 和 δ_2 流回油箱。当输入信号使挡板向左偏摆时,可变缝隙 δ_1 关小,δ_2 开大;p_1 上升,p_2 下降,液压缸缸体向左移动。因负反馈作用,当喷嘴跟随缸体移动到挡板两边对称位置时,液压缸停止运动。喷嘴挡板阀的优点是结构简单、加工方便、运动部件惯性小、反应快、精度和灵敏度高;缺点是能量损耗大、抗污染能力差。喷嘴挡板阀常用作多级放大伺服控制元件中的前置级。

二、液压动力元件的结构及分类

液压动力元件由液压放大元件和液压执行元件组成。液压放大元件可以是液压控制阀,也可以是伺服变量泵,液压执行元件是液压缸或液压马达。由它们可以组成四种基本形式的液压动力元件:阀控液压缸、阀控液压马达、泵控液压缸、泵控液压马达。前两种动力元件可以构成阀控(节流控制)系统,后两种动力元件可以构成泵控(容积控制)系统。

(一)四通阀控制液压缸

四通阀控对称液压缸是常见的一类液压动力元件,如图1-14所示。四通阀是指内部可以用液压全桥描述,其流量方程可以线性化的。对称缸是指双向有效作用面积相同的液压缸。力是使物体运动发生改变的原因。液压缸活塞位移被看作由负载压力产生的,也即四通阀输出量是液压力,液压力驱动液压缸活塞和被控对象组成的质量—阻尼—弹簧系统产生对称缸活塞位移。

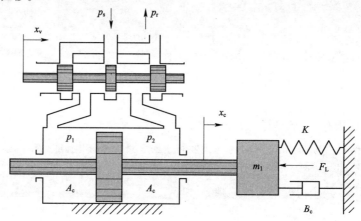

图1-14 四通阀控制液压缸工作原理示意图

(二)四通阀控制液压马达

四通阀控液压马达也是一种常用的液压动力元件,如图1-15所示。它与四通阀控液压缸的工作特性相似。

(三)三通阀控制液压缸

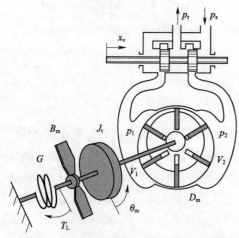

图1-15 四通阀控制液压马达工作原理示意图

在机液伺服机构中,如液压助力系统,三通阀控非对称缸是较为常见的液压动力元件。图1-16为三通阀控制液压缸原理示意图。若液压缸活塞位移被作为液压动力元件的输出变量。液压缸活塞位移被看作由负载压力产生的,也即三通阀输出液压力驱动液压缸活塞和被控对象组成的惯量—阻尼—弹簧系统产生液压缸活塞位移。

(四)变转速泵控液压缸

变转速泵控对称缸液压动力元件的液压系统回路见图1-17。动力电机1驱动变量泵2,变量泵2与定量马达7对应油口直接相连构成变排量泵控马达液压动力元件。斜盘摆角是控制指令输入。储能器3和单向阀4构成补油系统,补油系统也可以采用其他型式,如液压泵与溢流阀构成的补油系统。溢流阀5和6构成安全保护装置。

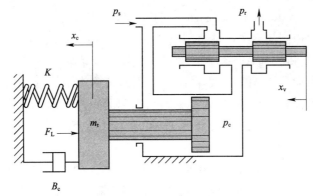

图1-16 三通阀控制液压缸原理示意图

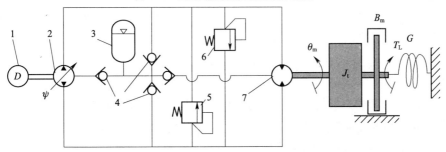

图1-17 变转速泵控对称缸液压系统原理示意图
1-动力电机;2-变量泵;3-储能器;4-单向阀;5、6-溢流阀;7-定量马达

第五节 车辆中的液压伺服控制系统

一、车辆液压控制系统的应用

近年来,随着液压、气压与液力传动技术的发展和在车辆上的应用越发广泛,因此加强针对汽车的液压、气压与液力传动技术的学习与研究,对于从事汽车理论学习和设计制造维修人员具有很重要的意义。液压伺服系统在车辆上的应用,主要有液压助力转向系统、电控防抱死制动装置、液力自动变速器、电控悬架装置、液力变矩器、液力耦合器、自卸车举升机构等。

1. 液压动力转向系统

液压动力转向系统是在液压动力转向系统的基础上增设了电子控制装置。该系统能够根据汽车行驶条件的变化对助力的大小实行控制,使汽车在停车状态时得到足够大的助力,以便提高转向系统操作的灵活性。当车速增加时助力逐渐减小,高速行驶时无助力,使操纵有一定的行路感,而且还能提高操纵的稳定性。另外,液压系统一般工作压力不高,流量也不大。

2. 液力自动变速器

液力自动变速器在现代汽车上用得越来越多。使用液力变速器可以简化驾驶操作,使发动机的转速控制在一定的范围内,避免车速急剧变化,有利于减少发动机振动和噪音,而且能消除和吸收传动装置的动载荷,减少换挡冲击,提高发动机和变速器的使用寿命。

3. 汽车防抱死液压系统

汽车防抱死系统(Antilock Brake System,简称 ABS),其主要功能是在汽车制动时,防止车轮抱死。无论是气压制动系统还是液压制动系统,ABS 均是在普通制动系统的基础上增加了传感器、ABS 执行机构和 ABS 电脑三部分。液压制动系统 ABS 广泛应用于轿车和轻型载货汽车上。气压制动系统 ABS 主要用于中、重型载货汽车上,所装用的 ABS 按其结构原理主要分为两种类型:用于四轮后驱动气压制动汽车上的 ABS 和用于汽车列车上的 ABS。气顶液压制动系统 ABS 兼有气压和液压两种制动系统的特点,应用于部分中、重型汽车上。

4. 汽车电控液压悬架

汽车电控液压悬架可以使司乘人员都有乘坐软弹簧悬架车的舒服感,而且还能保证汽车的灵活性和稳定性。目前,轿车上采用的电子控制悬架都具有灵敏的车高调节功能,不管车辆(规定范围)如何变化,都可以保持汽车的一定高度,大大地减少了汽车在转弯时产生的倾斜程度。当车辆在凸凹不平的道路上行驶时,可以提高车身的高度,当车辆高速行驶时,又可使车身的高度降低,以减少风的阻力。汽车电控液压悬架还具有衰减力的调节功能,以提高车辆的稳定性。在急转弯、急加速和紧急制动时,还可以抑制车辆姿态的变化。

5. 液力耦合器

液力耦合器在汽车上只起传递转矩的作用,所以也叫液力联轴器。液力耦合器安装在汽车发动机和机械变速器之间,传递转矩时能起到柔性传动、减缓冲击的作用。隔离扭振的功能使汽车起步和加速时都能保持平稳。

6. 液力变矩器

液力变矩器不仅能传递转矩,而且还能在泵轮转矩不变的情况下随着涡轮转速的不同自动地改变涡轮所输出的转矩值(变矩)。液力变矩器具有对外负载的自动适应性,使车辆起步平稳、加速快而且均匀,其减振作用降低了传动系统的动载和扭振的影响,延长了传动系统的使用寿命,提高了乘坐舒适性和行驶安全性。然而液力变矩器存在着效率不够高、变矩范围有限的问题。因此,很少使用单个液力变矩器,需要串联或并联一个定轴式或者旋转轴式机械变速器,以扩大变速和变矩范围。目前高级轿车大都采用了液力机械传动,其主要着眼点在于其舒适性及操作轻便性。城市大客车因经常停车、起步、加速,换挡相当频繁,对操纵方便的要求就显得更为突出。越野汽车为了获得稳定的驱动力和良好的通过性,采用液力机械传动也日益增多。装载质量为 25 ~ 80t 的矿用自卸汽车,因其功率大,传动系统既要传递大扭矩,又要易于换挡变速,故绝大多数都采用液力机械传动。

7. 汽车液压制动系统

汽车制动系统是汽车安全行驶中最重要的部分。随着发动机的技术发展和道路条件的改善,汽车的行驶速度和单次运行距离都有了很大地发展,行驶动能大幅度地提高,而传统的摩擦片式制动装置越来越不能适应长时间、高强度的工作需要。由于频繁或长时间地使用制动器,出现摩擦片过热衰退现象,严重时导致制动失效,威胁到行车安全。车辆也因为频繁更换制动蹄片和轮胎导致运输成本的增加。为了解决这一问题,应运而生的各种车辆的助制动系统迅速发展,液力缓速器就是其中的一种。当今的液力缓速器主要用在重型载货汽车和大中型客车上。液力缓速器的使用和推广,大大地改善了传统的制动器的不足。

8.汽车液压减振系统

汽车液压减振系统具有优良的减振性能,在车辆偏重时,可以保持车辆的平衡,使车辆继续安全行驶。在车辆更换轮胎时,不需要千斤顶顶地即可更换轮胎,大大地提高了工作效率,节省了时间。如果车辆陷入湿滑的泥沼地时,利用此装置也可容易地走出泥沼。

二、车辆液压控制系统的组成及作用

(一)组成

车辆液压控制系统的组成主要包括动力源、执行机构、控制机构等。

(1)动力源:油泵(液压泵)。

(2)执行机构:离合器、制动器、单向离合器。

(3)控制机构:阀体、各种阀(调压阀、手控阀、换挡阀、速控阀等)、缓冲控制装置。

(二)作用

车辆液压控制系统的作用是:动力传递、操纵控制、润滑冷却。

(1)动力传递:以液体作为工作介质,以液体的压力能作为基本的能量传递形式,基于流体力学的帕斯卡原理,有控制地进行能量和动力的传递与转换。

(2)操纵控制:运用液体动力改变操纵对象的工作状态。

(3)润滑冷却:因为主要的工作介质为液压油,液压油的基本组成包括基础油和添加剂等,其中基础油为润滑油的一个组成部分,因此其具有良好的润滑性能,同时因其流动性质,故具有较好的冷却作用。

第二章 汽车液压助力转向系统

第一节 概 述

一、液压助力转向系统的功用

汽车液压助力转向系统是在驾驶员的控制下,借助于汽车发动机产生的液体压力来实现车轮转向,即让驾驶者只需很少的力就能够完成转向。相对于机械转向系统,液压助力转向系统的要求是:在保证转向灵敏性不变的条件下,有效地提高转向操纵轻便性,提高响应特性,保证高速行车安全,减少转向盘的冲击。因此,已在各国的汽车制造中普遍采用。

液压助力转向系统应具有如下功用:

(1)汽车转弯时,减少驾驶员对转向盘的操纵力。

(2)限制转向系统的减速比。

(3)在原地转向时,能提供必要的助力。

(4)限制车辆高速或在薄冰上的助力,具有较好的转向稳定性。

(5)在动力转向系统失效时,能保持机械转向系统的有效工作。

二、液压助力转向系统的历史

早期汽车的转向是没有任何助力装置的,全靠驾驶员体力作为转向的动力源,为了减轻驾驶员负担,同时也有驾驶安全性等方面的考虑,人们发明了液压动力转向系统。

液压动力转向的由来最早要追溯到1902年的2月,英国的Frederick W. Lanchester发明了"Cause the steering mechanism to be actuated by hydraulic power"即液力驱动转向机构。之后类似的发明,分别有美国和加拿大的发明家相继注册专利。而在汽车生产厂商中,克莱斯勒率先实现了液压助力转向系统的商业化生产,将其命名为Hydraguide油压转向系统,并于1951年将其搭载在克莱斯勒的第六代Imperial(译为帝王)车型上。随着技术的发展,出现了以电子泵代替机械泵的电子液压助力转向系统,所以目前液压助力主要分为机械式液压助力和电子液压助力两类,另外,在机械式液压助力的基础上还派生出了电子伺服的液压助力转向系统。

第二节 机械液压助力转向系统

一、结构组成

机械式液压助力转向系统是基于机械式转向机构而来,增加了一整套液力系统,包括储油罐、液力转向油泵、流量控制阀、转向器阀体总成、管道和软管等。机械式液压动力转向系统的构成及原理如图2-1、图2-2所示。

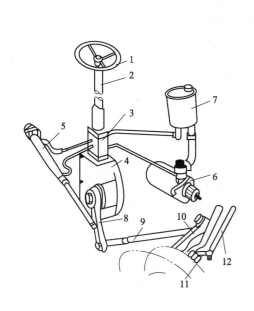

图2-1　机械液压助力转向系统构成
1-转向盘;2-转向柱;3-转向控制阀;4-转向器;5-转向动力缸;6-转向泵;7-转向油罐;8-转向摇臂;9-转向直拉杆;10-转向节臂;11-转向梯形臂;12-转向横拉杆

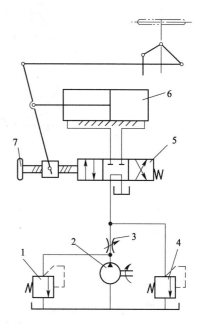

图2-2　机械液压助力转向系统原理图
1-溢流阀;2-液压泵;3-节流阀;4-安全阀;5-转向控制阀;6-液压缸;7-转向盘

(一)储油罐

储油罐的作用是储存、滤清并冷却液压转向加力装置的工作油液。其结构如图2-3所示。中心油管接头座专门用以装接转向控制阀的回油管路,另外两个油管接头座分别装接转向油泵的进油管和加力装置的漏泄回油管路。中心油管接头座下部有滤芯支座,上部旋装中心螺栓。滤芯安装在双头螺栓上,而且上端由锁销限位的弹簧压紧。罐盖靠翼形螺母压紧。由转向控制阀和转向动力缸流回来的油液,通过中心油管接头座的径向油孔流入滤芯内部空隙,经滤清后进入储液腔,以备供给转向油泵。滤芯弹簧的预紧力不大,当滤芯堵塞而回油压力略有增高时,滤芯便在液压作用下升起,让油液不经过滤清便进入储液腔,以免油泵进油不足。滤网片用以防止油液乳化。

(二)转向油泵

动力转向系统使用发动机的动力来驱动产生液压力的助力转向油泵,给转向器的动力缸提供液力。助力转向油泵通常是由发动机曲轴带动的皮带驱动的;泵出的油液与发动机的速度成正比例关系,送给转向器动力缸的油液通过流量控制阀来调节,过多的油液返回转向油泵吸油口。

转向油泵的结构类型有多种,常见的有齿轮式、转子式和叶片式,分别如图2-4～图2-6所示。

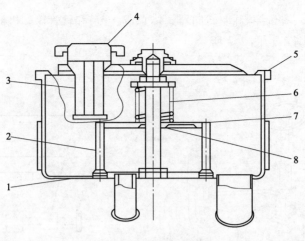

图 2-3　储油罐结构示意图

1-滤芯油封;2-油滤芯;3-油滤网;4-储油罐管道;5-油滤芯衬垫;6-弹簧;7-滤芯盖;8-滤芯盖油封

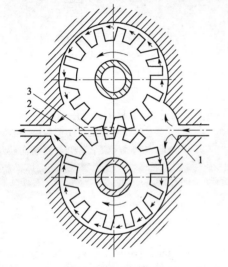

图 2-4　齿轮式转向油泵

1-进油口;2-出油口;3-卸荷槽

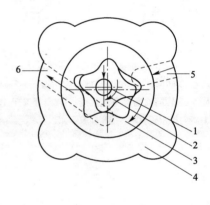

图 2-5　转子式转向油泵

1-主动轴;2-内转子;3-外转子;4-油泵壳体;5-进油口;6-出油口

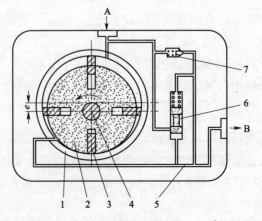

图 2-6　叶片式转向油泵

1-定子;2-转子;3-叶片;4-转子轴;5-出油管道;6-溢流阀;7-安全阀;A-进油孔;B-出油孔

叶片式转向油泵具有结构紧凑、输油压力脉动小,输油量均匀、运转平稳、性能稳定、使用寿命长等优点,现代汽车采用较多,故以下仅介绍叶片式转向油泵。

叶片式转向油泵按其转子叶片每转一周的供油次数和转子轴的受力情况,可以分为单作用非卸荷式和双作用卸荷式两种。

1. 单作用非卸荷式叶片泵

如图 2-6 所示为叶片式转向油泵的工作原理示意图,它主要由定子、转子及叶片等件组成。定子具有圆柱形内表面,转子上均布径向切槽。矩形叶片安装在转子槽内,并可在槽内滑动。矩形叶片沿转子轴向的两端分别压靠在两侧端盖的端面上,并可在端面上滑动。这样就由转子外表面、定子内表面、叶片和端盖形成若干个密封的工作容积。转子和定子不同心,有一个偏心距,当转子旋转时,叶片靠自身的离心力贴紧定子内表面,并在转子槽内作往复运动,使上述的工作容积由小到大,由大到小不断变化。容积增大时,产生真空吸力,将工作油液从油罐中吸入工作腔;容积变小时,产生油压,将油液压出。转子每转一周,叶片在转子槽内作往复伸、缩运动各一次,故称为单作用叶片泵。由于右边吸油区的油压低,左边压油区的油压高,左、右两油区的压力差作用在转子上,使转子轴的轴承上承受较大的载荷,故称其为非卸荷式叶片泵。

叶片式油泵是容积式油泵,其输出油量随转子转速升高而增大,输出的油压取决于动力转向系统的负荷(即流通阻力)。为了限制发动机转速较高时输出油量过大、油温升高以及限制输出油压,防止由于油压过高损坏机件,破坏油封,通常在油泵的进、出油道之间还设有溢流阀和安全阀。

2. 双作用卸荷式叶片泵

双作用卸荷式叶片泵(图 2-7)也由转子、定子、叶片和端盖等组成。

与单作用叶片泵的不同之处在于:双作用叶片泵的转子与定子的中心相重合。定子内表面不是圆形而是一个近似的椭圆形,它由两条长半径和两条短半径所决定的圆弧以及四段过渡曲线所组成。转子每转一周,叶片在转子切槽内往复运动两次,完成两次吸油和两次压油,故称为双作用叶片泵。由于两个吸油区和两个压油区各自的中心夹角对称,所以作用在转子上的油压作用力相互平衡,故称为卸荷式叶片泵。为了使转子受到的径向油压力完全平衡,工作油腔数(即叶片数)应当为偶数。

(三)流量控制阀

转向助力油泵由发动机驱动,其输出流量随发动机转速而变化,流量控制阀可以控制从油泵流向转向器动力缸的流量,保持流量恒定。在很多车型上,流量控制阀已经从转向助力油泵外部移到油泵内部。流量控制阀的结构及原理如图 2-8 所示。

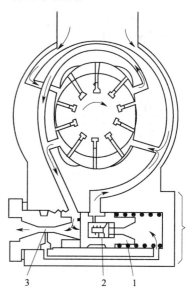

图 2-7　双作用卸荷式叶片泵示意图
1-调压器活塞(溢流阀);2-限压阀(即安全阀);3-喉管(节流孔)

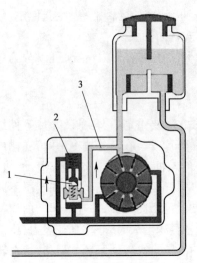

图 2-8　流量控制阀结构示意图
1-流量控制阀打开;2-高压助力油液;3-再压缩回路

在发动机低转速时,转向系统能够容易地控制液压泵提供的液压液体容积,在高转速时,由于液压泵吸入和排放更大容积的液体,流量急剧增加。流量控制阀通过弹簧,使钢球牢牢地定位在流量控制阀内侧上,在减压模式外的所有转向状态下,弹簧压力始终大于相对应的液压压力,因此钢球保持不动。只有在驾驶员转动并保持转向盘在最左或最右极限位置时,才会发生减压。

减压工作过程简述如下:一旦转向油泵出油口一侧的液体流动停止后,油泵继续运转,试图泵送更多的油液进入系统,使得油泵压力持续增加。这个增大的液压力最终顶开流量控制阀内的钢球。当钢球被顶离阀座时,阀后的高压油液迅速流过钢球,经由流量控制阀体的侧面小孔,返回到低压吸入处。

(四)转向控制阀

转向控制阀安装在转向器上统称为转向器阀体总成,用来控制液体进入相应的转向器动力缸腔室。转向控制阀可以看作一个特殊的三位四通换向阀,有 4 个互相连通的进油道,出油通道分别与动力缸的左、右腔连通,用来切换油路控制高压油流向转向动力缸的一侧。按阀芯运动方式的不同可分为滑阀式与转阀式,详见图 2-9 和图 2-10。

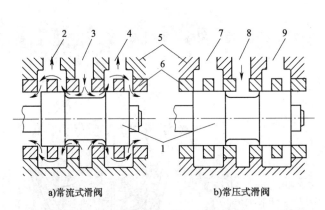

a)常流式滑阀　　　b)常压式滑阀

图 2-9　滑阀式转向控制阀结构示意图
1-阀体;2、4、7、9-通动力缸左、右腔的通道;3、8-通油泵输出管路的通道;5-壳体;6-阀套

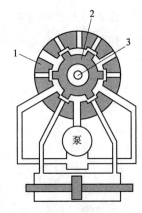

图 2-10　转阀式转向控制阀结构示意图
1-壳体;2-阀体;3-扭杆

二、分类

(一)按液流的形式分

按液流的形式不同,可分为常流式和常压式两种。

1. 常压式动力转向系统

常压式动力转向系统如图 2-11 所示。

汽车直线行驶时,分配阀是常闭的,整个液压系统通过储能器保持高压,当压力达到最大工作压力后,油泵自动卸荷。转动转向盘,摇臂带动滑阀移动,高压油液进入动力缸的一腔,推动活塞起加力作用。常压式动力转向由于系统油液经常处于高压,油泵经常处于工作状态,所以油泵磨损较大,使用寿命较短,而且功率消耗较大,对液压系统密封性要求较高,储能器使用要求复杂,因此目前较少采用。

2. 常流式液压动力转向系统

常流式液压动力转向系统如图 2-12 所示。

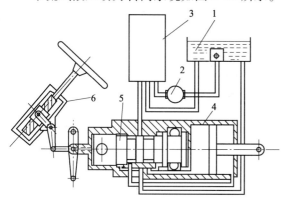

图 2-11　常压式液压动力转向系统示意图
1-转向储油罐;2-转向油泵;3-储能器;4-转向动力缸;5-转向控制阀;6-机械转向器

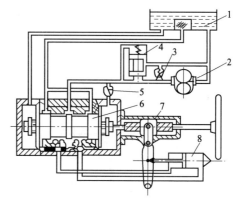

图 2-12　常流式液压动力转向系统示意图
1-转向储油罐;2-转向油泵;3-安全阀;4-流量控制阀;5-止回阀;6-转向控制阀;7-机械转向器;8-转向动力缸

汽车直线行驶时,分配阀中的滑阀处在中间位置,油泵、分配阀、油箱之间形成一个常通的油路,油路输出的工作油液经分配阀流回油箱,油液一直处于常流状态。转向时,滑阀移动,关闭常流油路,油经分配阀进入动力缸一腔,推动活塞起转向加力作用。常流式动力转向,系统内工作油液经常是低压,所以油泵寿命较长,漏损较少,同时消耗功率也少,目前应用比较广泛。

(二)按分配阀的型式分

按分配阀的型式可分为滑阀式和转阀式。

分配阀中的阀体以轴向移动来控制油路的称为滑阀式,以旋转运动来控制油路的称为转阀式。

滑阀式结构简单,制造工艺要求较低,且易布置,便于操纵。因此,应用较为广泛。转阀式灵敏度较高,密封件少,结构比较先进,但对材质和工艺要求较高,故多用于轿车和赛车。

(三)按转向器和动力缸的相互位置分

按转向器和动力缸的相互位置可分为整体式和分置式。

转向器与动力缸制成一体的称为整体式,转向器与动力缸分开布置的称分置式。

整体式转向系统结构紧凑、管路较少、质量轻、易于布置。但当转向桥负荷较重时,为了克服较大的转向阻力,需将动力缸尺寸加大,使得系统结构庞大,布置困难;同时,由于传递的转向力增大,转向器传动副容易磨损,使用寿命降低。因此,整体式动力转向系统多用于高级乘用车及前桥负荷在 20t 以下的部分重型载货汽车。

分置式动力转向系统结构简单,可以选用现有的转向器,加装分配阀、动力缸、油泵等组成动力转向系统,布置比较灵活,且通过增加动力缸直径或缸数,可以增大转向力,满足使用要求。该转向装置转向受力较小,使用寿命较长,虽然液压管路比整体式复杂,但由于具备上述优点,分置式动力转向系统在前桥负荷较大的重型汽车上得到广泛应用。

三、工作原理

(一)液压常流滑阀式动力转向系统的工作原理

液压常流滑阀式动力转向装置的基本组成如图2-13所示。

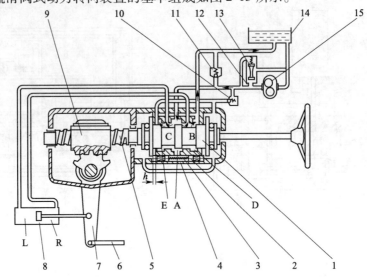

a)

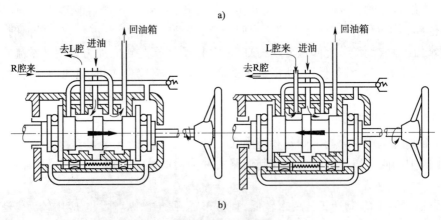

b)

图2-13　液压常流滑阀式动力转向装置

1-滑阀;2-反作用柱塞;3-滑阀复位弹簧;4-阀体;5-转向螺杆;6-转向直拉杆;7-转向摇臂;8-转向动力缸;9-转向螺母;10-止回阀;11-安全阀;12-节流孔;13-溢流阀;14-转向油罐;15-转向油泵;A、B、C、D、E-阀体环槽;R、L-动力缸油腔

汽车直线行驶时,如图2-13a)所示,滑阀1在滑阀复位弹簧3的作用下保持在中间位置。转向控制阀内各环槽相通,自转向油泵15输送出来的油液进入阀体环槽A之后,经阀体环槽B和C分别流入转向动力缸8的R腔和L腔,同时又经阀体环槽D和阀体环槽E进入回油管道流回油罐14。这时,滑阀与阀体各环槽槽肩之间的间隙大小相等,油路畅通,转向动力缸8因左右腔油压相等而不起加力作用。

汽车右转向时(汽车左转原理相同),驾驶员通过转向盘使转向螺杆5向右转动(顺时针)。开始时,转向螺母暂时不动,具有左旋螺纹的转向螺杆5在转向螺母9的推动下向右轴向移动,带动滑阀1压缩滑阀复位弹簧3向右移动,消除左端间隙 h ,如图2-13b)所示。

此时阀体环槽 C 与 E 之间、A 与 B 之间的油路通道被滑阀和阀体相应的槽肩封闭,而环槽 A 与 C 之间的油路通道增大,油泵送来的油液自 A 经 C 流入动力缸的 L 腔,L 腔成为高压油区。R 腔油液经环槽 B、D 及回油管流回储油罐 14,动力缸 8 的活塞右移,使转向摇臂 7 逆时针转动,从而起加力作用。

只要转向盘和转向螺杆 5 继续转动,加力作用就一直存在。当转向盘转过一定角度保持不动时,转向螺杆 5 作用于转向螺母 9 的力消失,但动力缸活塞仍继续右移,转向摇臂 7 继续逆时针方向转动,其上端拨动转向螺母,带动转向螺杆 5 及滑阀一起向左移动,直到滑阀 1 恢复到中间稍偏右的位置。此时 L 腔的油压仍高于 R 腔的油压。此压力差在动力缸活塞上的作用力用来克服转向轮的回正力矩,使转向轮的偏转角维持不动,这就是转向的维持过程。如转向轮进一步偏转,则需继续转动转向盘,重复上述全部过程。

松开转向盘,滑阀在阀体复位弹簧 3 和反作用柱塞 2 上的油压的作用下回到中间位置,动力缸停止工作。转向轮在前轮定位产生的回正力矩的作用下自动回正,通过转向螺母 9 带动转向螺杆 5 反向转动,使转向盘回到直线行驶位置。如果滑阀不能回到中间位置,汽车将在行驶中跑偏。

在对装的反作用柱塞 2 的内端,阀体复位弹簧 3 所在的空间,转向过程中总是与动力缸高压油腔相通。此油压与转向阻力成正比,作用在反作用柱塞 2 的内端。转向时,要使滑阀移动,驾驶员作用在转向盘上的力,不仅要克服转向器内的摩擦阻力和复位弹簧的张力,还要克服作用在反作用柱塞 2 上的油液压力。所以,转向阻力增大,油液压力也增大,驾驶员作用于转向盘上的力也必须增大,使驾驶员感觉到转向阻力的变化情况。这种作用就是"路感"。

总之,液压常流滑阀式动力转向系统,结构复杂、体积大,所以大多应用于大型货车、客车和工程机械上。而小型汽车上主要应用的是液压常流转阀式动力转向装置。

(二)液压常流转阀式动力转向系统的工作原理

液压常流转阀式动力转向装置的基本组成如图 2-14 所示。

1. 直线行驶时

当汽车直线行驶时,转阀处于中间位置,如图 2-15a)所示。工作油液从转向器壳体的进油孔 B 流到阀体 5 的中间油环槽中,经过其槽底的通孔进入阀体 5 和阀芯 4 之间,此时阀芯处于中间位置。进入的油液分别通过阀体和阀芯纵槽和槽肩形成的两边相等的间隙,再通过阀芯的纵槽以及阀体的径向孔流向阀体外圆上、下油环槽,通过壳体油道流到动力缸的左转向动力腔 L 和右转向动力腔 R。流入阀体内腔的油液在通过阀芯纵槽流向阀体上油环槽的同时,通过阀芯槽肩上的径向油孔流到转向螺杆和输入轴之间的空隙中,从回油口经油管回到油罐中去,形成常流式油液循环。此时,上下腔油压相等且很小,齿条—活塞既没有受到转向螺杆的轴向推力,也没有受到上、下腔因压力差造成

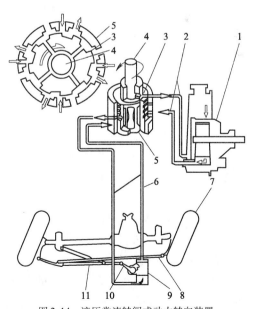

图 2-14 液压常流转阀式动力转向装置

1-转向油泵;2-油管;3-阀体;4-阀芯;5-阀体;6-油管;7-车轮;8-转向拉杆;9-转向动力缸;10-转向摇臂;11-转向横拉杆

的轴向推力,齿条—活塞处于中间位置,动力转向器不工作。

2. 左转向时

左转向时(右转向与此正相反)转动转向盘,短轴逆时针转动,通过下端轴销带动阀芯同步转动,同时弹性扭杆也通过轴盖、阀体上的销子带动阀体转动,阀体通过缺口和销子带动螺杆旋转,但由于转向阻力的存在,促使扭杆发生弹性扭转,造成阀体转动角度小于阀芯的转动角度,两者产生相对角位移,如图2-15b)所示。造成通下腔的进油缝隙减小(或关闭),回油缝隙增大,油压降低;上腔正相反,油压升高,上下动力腔产生油压差,齿条—活塞在油压差的作用下移动,产生助力作用。

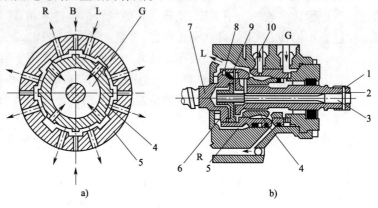

图2-15 汽车直线行驶时转阀的工作情况

R-接右转向动力缸;L-接左转向动力缸;B-接转向油泵;G-接转向油罐;1-锁销;2-短轴;3-扭杆;4-阀芯;5-阀体;6-下端轴盖;7-转向螺杆;8-锁销;9-定位销;10-锁销

3. 停在某一位置时

当转向盘转动后停在某一位置时,阀体随转向螺杆在液力和扭杆弹力的作用下,沿转向盘转动方向旋转一个角度,使之与滑阀的相对角位移量减小,上、下动力缸油压差减小,但仍有一定的助力作用,从而使助力转矩与车轮的回正力矩相平衡,使车轮维持在某一转角位置上。在转向过程中,若转向盘转动的速度快,阀体与阀芯的相对角位移量大,上下动力腔的油压差也相应加大,前轮偏转的速度也加快;转向盘转动得慢,前轮偏转的也慢;转向盘转到某一位置上不动,前轮也偏转到某一位置上不变。此即"快转快助,大转大助,不转不助"的原理。

4. 转向后需回正时

转向后需回正时,驾驶员放松转向盘,阀芯在弹性扭杆作用下回到中间位置,失去了助力作用,转向轮在回正力矩的作用下自动回位。若驾驶员同时回转转向盘时,转向助力器助力,帮助车轮回正。

5. 当转向轮发生偏转时

当汽车直线行驶偶遇外界阻力使转向轮发生偏转时,阻力矩通过转向传动机构、转向螺杆、螺杆与阀体的锁定销作用在阀体上,使之与阀芯之间产生相对角位移,动力缸上、下腔油压不等,产生与转向轮转向相反的助力作用。转向轮迅速回正,保证了汽车直线行驶的稳定性。

6. 当液压动力转向装置失效后

当液压动力转向装置失效后,失去方向控制是非常危险的。所以,一旦液压动力转向装置失效,该动力转向器将变成机械转向器。动力传递路线与机械转向系完全一致。

四、典型机械液压助力转向系统

(一)大众奥迪液压助力转向系统

大众奥迪轿车采用的动力转向系统如图 2-16 所示。转向叶轮由发动机驱动,转向分配阀装在转向柱下端,齿条右端装有活塞,并将动力缸分成两个工作压力室。

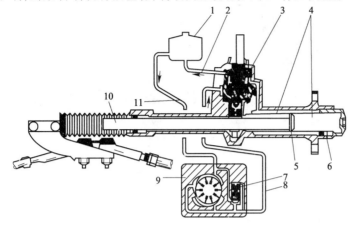

图 2-16　奥迪轿车动力转向系统

1-储油罐;2-回油管;3-分配阀体;4-压力室;5-活塞;6-动力缸;7-压力和流量限制阀;8-压力管;9-叶轮泵;
10-齿条;11-吸管

1. 中间位置

如果转向盘上没有作用力,那么动力缸油道是与储油罐相连的,系统内没有建立起压力,如图 2-17 所示。

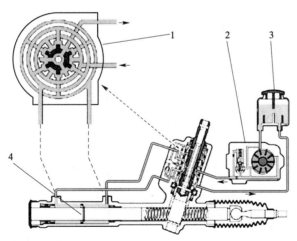

图 2-17　转向盘位于中间位置时的液压助力系统
1-转阀;2-助力泵;3-转阀;4-转向器活塞

2. 车轮左转

如果驾驶员向左转动转向盘,那么扭杆和转动滑阀就会跟着扭转。发生扭转的原因是轮胎和路面会对车轮转动形成阻力。由于这个扭转,从压力管到右工作缸的一个转向助力油道就打开了,如图 2-18 所示。左工作缸与通往转向助力油罐的回油管相连,活塞上作用有车轮左转的力。转动滑阀的扭转运动一直在进行着,直至活塞力和驾驶员的转向力之和增大到足以转动车轮为止。伴随着齿条小齿轮的运动，扭杆的下端也会与导向衬套一起转动。这个运动一直在进行着，直至扭杆的扭转以及转动滑阀与导向衬套之间的相对扭转均停止为止（中间位置）。接转向助力油罐的回油管再次与工作缸和压力管相连，系统又回到几乎无压力的状态。每次转向盘上又有作用力时，扭杆就会扭转，上面所述过程又重新开始进行。

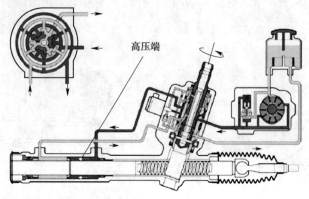

图 2-18　转向盘左转时液压助力系统工作原理图

3. 外力影响直线行驶的抑制

路面不平时，对车轮的作用力会通过转向横拉杆传递到转向器上，进而推动转向盘转动，在改变汽车原来的行驶方向的同时，还影响驾驶的舒适性。助力转向装置能产生一个反向作用力，来抵消来自地面的作用力。原因是齿条的力作用到了小齿轮和扭杆上，进而扭杆会发生扭转。转动滑阀和导向衬套相继发生扭转而偏离零位，于是高压转向助力油液就到达工作缸油腔内，从而克服齿条运动产生的力。

如图 2-19 所示，路面不平产生一个 F_A 力，该力作用在前车轮上，并使前轮绕旋转中心 D 转动。由此产生作用在齿条上的作用力 F_Z，该力导致小齿轮和扭杆发生扭转，于是通往工作缸右侧的机油供油口被打开，工作缸左侧与回油口相接。活塞和齿条上的反作用力 F_R 会平衡掉 F_Z，从而可防止转向盘转动。

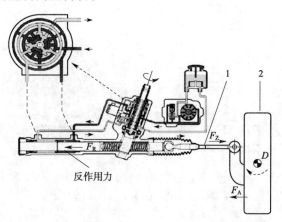

图 2-19　液压助力系统对外力引起转向的抑制过程

1-转向横拉杆；2-右侧车轮

（二）富康 AL 型轿车的助力转向系统

富康 AL 型轿车的助力转向系统的结构如图 2-20 所示。它是由液压泵、储油罐、转阀式转向控制阀、转向助力油缸、机械式转向器等组成。它的基本工作原理:转向油泵在发动机的驱动下产生液压能,这个液压能在驾驶员的控制下,通过转向控制阀 - 旋转阀输送到转向助力油缸,使转向助力油缸产生一个受控的转向力驱动转向车轮转向。这个助力转向系统属于整体转阀式液压助力转向装置。

富康 AL 型轿车的液压助力系统主要由以下几部分组成。

1. 液压泵和压力调节器

液压泵为叶片泵,泵体上有两个进油口和两个出油口,其结构如图 2-21 所示。压力调节器布置在泵体的下方,其结构如图 2-22 所示。压力调节器主要由控制油泵输出油量的流量控制阀和防止因压力过高使液压系统遭受破坏的限压阀等组成。

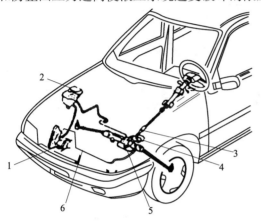

图 2-20 液压助力转向系统
1-液压泵;2-储油罐;3-转向柱;4-转阀式转向控制阀;5-转向助力油缸;
6-高压油管

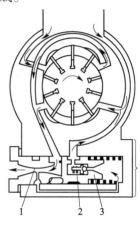

图 2-21 液压泵
1-喉管;2-限压阀;3-活塞

2. 转阀式转向控制阀

转阀式转向控制阀的结构如图 2-23 所示。它主要由阀体、扭力杆、转子、分配器等组成,阀体上有连接油泵和助力油缸的进、出油口。转子固定在转向柱末端,扭力杆的上端通过销子与转子固定连接,下端也通过销子与分配器和转向器小齿轮连接。

当转向盘转动时,转向柱带动转子转动,转子上的力通过上锁销将力传到扭力杆,扭力杆再将力通过下锁销传给分配器和小齿轮。由于小

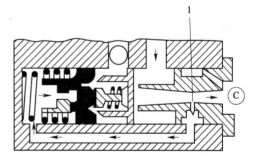

图 2-22 压力调节器
1-喉管

齿轮的运动在转向车轮受到地面阻力的作用下而转动滞后,因此,扭力杆会受到扭转变形,使分配器与转子之间发生相对转动,这样转向控制阀就可根据转向盘的转动方向和作用力的大小,改变由油泵输送到转向助力油缸活塞两边油液的方向和流量,从而实现助力转向。

3. 转向助力油缸

转向助力油缸的缸体固定在转向器壳体上,其结构如图 2-24 所示,主要由缸体、活塞、活塞杆组成。它的主要功能是接受由油泵通过转向控制阀输送来的高压油液,驱动活塞左右移动。活塞的运动通过活塞杆驱动与其铰接的转向齿条运动,从而实现助力转向。

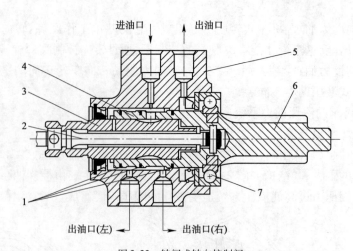

图 2-23　转阀式转向控制阀

1-密封圈;2-扭力杆;3-转子;4-分配器;5-阀体;6-小齿轮;7-轴承

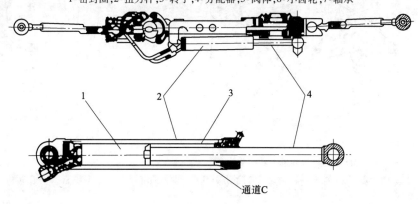

图 2-24　转向助力油缸

1-左腔;2-外壳;3-右腔;4-活塞杆

第三节　电控液压助力转向系统

一、组成及工作原理

电控液压助力转向系统(Electronic Hydraulic Power Steering,简称 EHPS)是在普通动力转向系统的基础上增设了控制液体流量的电磁阀、车速传感器以及电子控制单元。电子控制单元依据车速信号控制电磁阀,使动力转向的助力程度实现连续可调,从而满足高、低速时的转向要求。EHPS 的工作原理如图 2-25 所示。汽车直线行驶时,转向盘不转动,泵以很低的速度运转,大部分工作油液经过转向控制阀流回油罐,少部分经液控阀直接流回油罐;当驾驶员开始转动转向盘时,电子控制单元根据检测到的转角、车速以及电动机的反馈信号等,判断汽车的转向状态,向驱动单元发出控制指令,使电动机产生相应的转速以驱动泵,进而泵输出相应流量和压力的油液(瞬时流量从 ECU 中储存的流量通用特性场中读取)。压力油液经转阀进入齿条上的液压缸,推动活塞以产生适当的助力,协助驾驶员进行转向操纵,从而获得理想的转向效果。因为助力特性曲线可以通过软件来调节,所以该系统可以适合多种车型。

EHPS 系统有如下特点:一是节能,高速时最多能节约85%的能源(相对于传统的由发动机驱动泵的系统),实际行驶过程中能节约燃油 0.2L/100km;二是结构紧凑,主要部件(电动机、油泵和电子控制单元)均可以组合在一起,具有良好的模块化设计,所以整体外形尺寸比传统液压助力转向系统要小,质量要轻,这就为整车布置带来了方便;三是根据车型的不同和转向工况的不同,提供不同的助力,有舒适的转向路感。

二、分类

从广泛意义上讲,电控液压助力转向系统分为两种。一种是伺服式液压助力转向系统,为了实现车速感应式转向功能,而在机械液压助力转向系统的基础上增加了控制液体流量的电磁阀、车速传感器以及转向控制单元等,转向控制单元根据车速信号控制电磁阀,从而通过控制液体流量实现了助力作用随车速的变化;另一种是电动液压助力转向系统,是用由电动机驱动的液压泵代替了机械液压助力转向系统中的机械液压泵,而且增加了车速传感器、转向角速度传感器以及转向控制单元等部件。从性能上讲,采用电动液压泵的电动液压助力转向系统具有更好的性能。

(一)伺服式液压助力转向系统

伺服式助力系统是根据主动液压反作用原理来工作的,如图 2-26 所示。

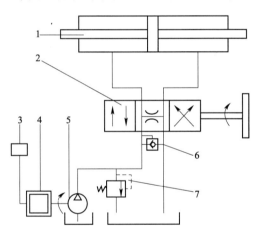

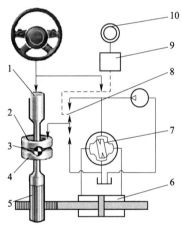

图 2-25　电控液压助力转向系统工作原理图
1-动力缸;2-转向阀;3-ECU;4-电动机;5-液压泵;
6-液控阀;7-限压阀

图 2-26　伺服随速转向功能工作原理
1-扭杆;2-反作用活塞;3-滚珠;4-定心件;5-齿轮
齿条机构;6-动力缸;7-转动滑阀;8-伺服控制电
磁阀;9-伺服控制单元;10-来自 ESP 控制单元的
车速信号

反作用活塞在导向衬套的上面,该活塞与转动滑阀相连,从而也就与扭杆连在一起,该活塞通过滚珠支承在与导向衬套相连的定心件上。在未操纵转向盘时(也就是扭杆没有发生扭转),这些滚珠都在一个截球形导轨内,这时机油会注入反作用活塞上部的腔内。根据机油压力的大小不同,反作用活塞作用在滚珠上(也就是导向衬套上)的力也在改变。机油压力越大,这个作用力就越大,驾驶员操纵转向盘所需要的操纵转矩就越大。调节这个压力大小的执行元件就是伺服控制电磁阀。该电磁阀是由伺服控制单元来控制的。伺服控制单元的输入信号是来自 ESP 控制单元的车速信号。该电磁阀的开口横截面越大,阀上的压降就越小,那么反作用活塞上部腔内的压力就越大。这样就可以根据车速来采用不同的特性曲线去控制转向盘上的操纵转矩和转向系统内的压力。

(二)电动液压助力转向系统

根据控制方式的不同电动液压助力转向系统可分为流量控制式、反力控制式和阀灵敏度控制式三种形式。

1. 流量控制式 EHPS

流量控制式电子控制动力转向系统是一种通过车速传感信号调节向动力转向装置供应压力油,改变油液的输入、输出流量,以控制转向力的方法。其基本结构如图 2-27 所示,这是曾在日本蓝鸟牌轿车上使用的流量控制式动力转向系统。它是在一般液压动力转向系统上增加了旁通流量控制阀、车速传感器、转向盘转角传感器、电子控制单元和控制开关等元件。在转向油泵与转向机本体之间设有旁通管路,在旁通管路中又设有旁通油量控制阀。按照来自车速传感器、转向角速度传感器和控制开关的信号,电子控制单元向旁通流量控制阀发出控制信号,控制旁通流量,从而调整向转向器供油的流量。图 2-28 为该系统原理图,当向转向器供油流量减少时,动力转向控制阀灵敏度下降,转向助力作用降低,转向力增加。

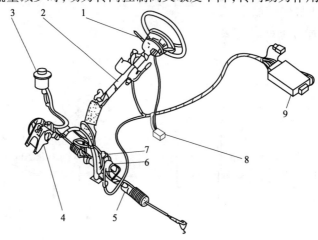

图 2-27 蓝鸟牌轿车电子控制动力转向系统

1-转向角速度传感器;2-转向柱;3-转向油罐;4-转向油泵;5-转向齿轮联动机构;6-电磁线圈;7-旁通流量控制阀;8-转向角速度传感器增幅器;9-电子控制单元

图 2-29 为该系统旁通流量控制阀的结构示意图。在阀体内装有主滑阀 1 和稳压滑阀 2,在主滑阀的右端与电磁线圈柱塞 3 连接,主滑阀与电磁线圈的推力成正比移动,从而改变主滑阀左端流量主孔 6 的开口面积。调整调节螺钉 4 可以调节旁通流量的大小。稳压滑阀的作用是保持流量主孔前后压差的稳定,以使旁通流量与流量主孔的开口面积成正比。当因转向负荷变化而使流量主孔前后压差偏离设定值时,稳压滑阀阀芯将在其左侧弹簧张力和右侧高压油压力的作用下发生滑移。如果压差大于设定值,则阀芯左移,使节流孔开口面积减小,流入到阀内的机油量减少,前后压差减小;如果压差小于设定值,则阀芯右移,使节流孔开口面积增大,流入到阀内的机油量增多,前后压差增大。流量主孔前后压差的稳定,保证了旁通流量的大小只与主滑阀控制的流量主孔的开口面积有关。

流量控制式电子控制动力转向系统的优点是在原来液压动力转向功能上再增加压力油流量控制功能,所以结构简单,成本较低。但是,当流向动力转向机构的压力油降低到极限值时,对于快速转向会产生压力不足、响应较慢等缺点,故使它的推广应用受到限制。

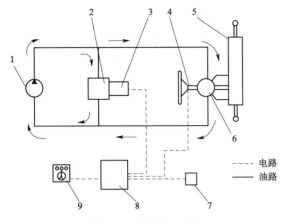

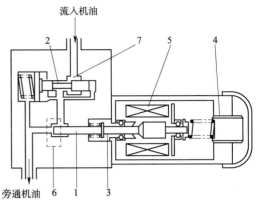

图 2-28　系统原理示意图

1-转向油泵;2-旁通流量控制阀;3-电磁线圈;4-转向角速度传感器;5-转向器;6-控制阀;7-车速传感器;8-电子控制单元;9-选择开关

图 2-29　旁通流量控制阀结构

1-主滑阀;2-稳压滑阀;3-电磁线圈柱塞;4-调节螺钉;5-电磁线圈;6-流量主孔;7-节流孔

2.反力控制式 EHPS

反力控制式动力转向系统能够根据车速大小,控制反力室油压,改变输入、输出增益幅度从而控制转向力大小。

图 2-30 为反力控制式动力转向系统的组成示意图。系统主要由转向控制阀、分流阀、电磁阀、转向动力缸、转向油泵、储油箱、车速传感器及电子控制单元等组成。转向控制阀是在传统的整体转阀式动力转向控制阀的基础上增设了油压反力室而构成。扭力杆的上端通过销子与转阀阀杆相连,下端与小齿轮轴用销子连接,小齿轮轴的上端部通过销子与控制阀阀体相连。转向时,转向盘上的转向力通过扭力杆传递给小齿轮轴。当转向力增大,扭力杆发生扭转变形时,控制阀体和转阀阀杆之间将发生相对转动,于是就改变了阀体和阀杆之间油道的通、断关系和工作油液的流动方向,从而实现转向助力作用。

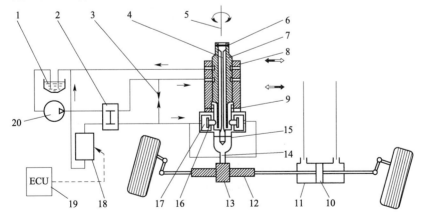

图 2-30　反力控制式动力转向系统的组成

1-转向油罐;2-分流阀;3-固定小孔;4-扭杆;5-转向盘;6、9、15-销;7-阀芯;8-阀体;10-活塞;11-动力缸;12-齿条;13-小齿轮;14-小齿轮轴;16-柱塞;17-油压反力室;18-电磁阀;19-电子控制单元(ECU);20-油泵

分流阀 2 是把来自转向油泵的机油向控制阀一侧和电磁阀 18 一侧进行分流的阀。按照车速和转向要求,改变控制阀一侧与电磁阀一侧的油压,确保电磁阀一侧具有稳定的机油流量。固定小孔 3 的作用是把供给转向控制阀的一部分流量分配到油压反力室一侧。电磁

阀 18 的作用是根据需要将油压反力室 17 一侧的机油流回转向油罐。电子控制单元(ECU) 19 根据车速的高低,线性控制电磁阀的开口面积。当车辆停驶或速度较低时,ECU 使电磁线圈的通电电流增大,电磁阀开口面积增大,经分流阀分流的机油,通过电磁阀重新回流到转向油罐中,所以作用于柱塞的背压降低。于是柱塞推动控制阀转阀阀杆的力较小,因此只需要较小的转向力就可使扭力杆扭转变形,使阀体与阀杆发生相对转动而实现转向助力作用。

当车辆在中高速区域转向时,ECU 使电磁线圈的通电电流减小,电磁阀开口面积减小,所以油压反力室的油压升高,作用于柱塞的背压增大,于是柱塞推动转阀阀杆的力增大,此时需要较大的转向力才能使阀体与阀杆之间作相对转动,而实现转向助力作用,所以在中高速时可使驾驶员获得良好的转向手感和转向特性。

反力控制式动力转向系统优点是:具有较大的选择转向力的自由度,转向刚度大,驾驶员能确实感受到路面情况,可以获得稳定的操作手感等。其缺点是:结构复杂,且价格较高。

3. 阀灵敏度控制式 EHPS

阀灵敏度控制式 EHPS 是根据车速控制电磁阀,直接改变动力转向控制阀的油压增益来控制油压,从而控制转向力的大小。这种转向系统结构简单、部件少、价格便宜,而且具有较大的选择转向力的自由度,可以获得自然的转向手感和良好的转向特性。

图 2-31 所示为 89 型地平线牌轿车所采用的阀灵敏度控制式动力转向系统。该系统在转向控制阀的转子阀作了局部改进,并增加了电磁阀、车速传感器和电子控制单元等。转子阀的可变小孔分为低速专用小孔(1R、1L、2R、2L)和高速专用小孔(3R、3L)两种,在高速专用可变孔的下边设有旁通电磁阀回路。

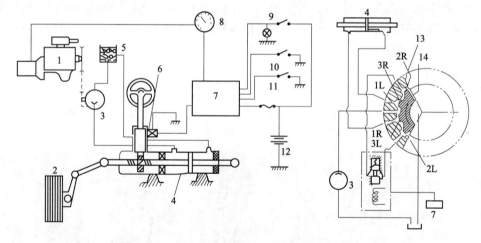

图 2-31　89 型地平线牌轿车电子控制式动力转向系统
1-发动机;2-前轮;3-转向油泵;4-动力缸;5-转向油罐;6-电磁阀;7-电子控制单元;8-车速传感器;9-车灯开关;10-空挡开关;11-离合器开关;12-蓄电池;13-外体;14-内体

图 2-32 为该系统的阀体等效液压回路,其工作过程如下:

当车辆停止时,电磁阀完全关闭,如果此时向右转动转向盘,则高灵敏度低速专用小孔 1R 及 2R 在较小的转向扭矩作用下即可关闭,转向油泵的高压油液经 1L 流向转向动力缸右腔室,其左腔室的油液经 3L、2L 流回转向油罐。所以此时具有轻便的转向特性。而且施加在转向盘上的转向力矩越大,可变小孔 1L、2L 的开口面积越大,节流作用越小,转向助力作用越明显。随着车辆行驶速度的提高,在电子控制单元的作用下,电磁阀的开度也线性增加,如果向右转动转向盘,则转向油泵的高压油液经1L、3R旁通电磁阀流回转向油罐。此时,转向动力缸右腔室的转向助力油压就取决于旁通电磁阀和灵敏度低的高速专用可变孔3R的开度。车速越高,在电子控制单元的控制下,电磁阀的开度越大,旁路流量越大,转向助力作用越小;在车速不变的情况下,施加在转向盘上的转向力越小,高速专用小孔3R的开度越大,转向助力作用也越小,当转向力增大时,3R的开度逐渐减小,转向助力作用也随之增大。由此可见,阀灵敏度控制式动力转向系统可使驾驶员获得非常自然的转向手感和良好的速度转向特性。

三、典型电控液压助力转向系统

(一)采埃孚 Servotronic 伺服式液压助力转向系统

采埃孚 Servotronic 伺服式液压助力转向系统如图2-33所示。

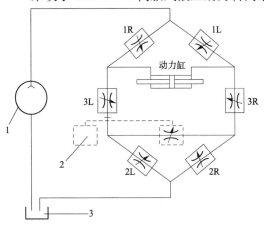

图2-32　阀体等效液压回路
1-转向油泵;2-控制元件;3-转向油罐

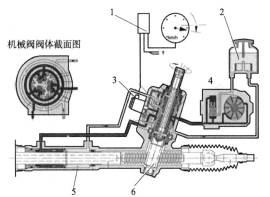

图2-33　Servotronic 伺服式助力转向结构图
1-控制单元;2-助力液储罐;3-电磁阀;4-液压泵;5-液压缸体(中间为活塞);6-齿轮齿条机构

与传统的机械式液压助力系统相比,采埃孚生产的 Servotronic 伺服式液压助力转向系统多出了一套能够读取速度传感器信息的电子控制单元,并与转向柱连接的机械阀上增加了电磁阀机构。通过电流控制电磁阀开度,可以改变助力油液的流量,使得油液推动助力活塞的力量被改变,就实现了助力力度的调节。控制单元根据车速传感器的信号对电磁阀开度进行控制,便做到了助力力度随速可变的功能。

(二)雷克萨斯 LS400 电控液压助力转向系统

雷克萨斯 LS400 电控液压助力转向系统如图2-34所示。

当车辆低速行驶或停靠车位时,动力转向 ECU 接受车速传感器送来的低速传感信号,这时 ECU 向电磁阀提供较大的电流,使阀芯升程较大,从动力转向油泵输出的压力油经流量分配阀分配后,一部分流向转向旋转滑阀,然后再经助力缸起转向助力作用;另一部分则经电磁阀旁路流回到储液罐。这使得流向反力腔的液流大大减少,反力腔中的油压下降,失去反力阻尼作用,此时转向操纵力很小,使得转向轻便灵活,对停车靠位或低速行驶十分有利。

当车辆中、高速行驶时,因为电磁阀从动力转向 ECU 只得到随车速升高而逐渐减小的电流,使电磁阀芯升程很小,油量的旁通作用很小,从而使反力腔中的油压上升,转向作用增强,这就使得转向操作的"路感"明显,有效地克服了高速转向"发飘"和不易掌握的缺陷,从而提高了行驶稳定性和安全可靠性。

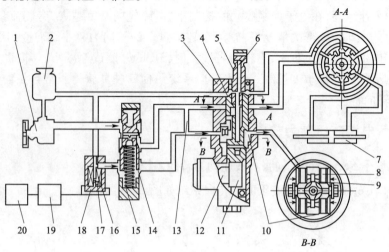

图 2-34　雷克萨斯 LS400 电控液压助力转向系统示意图

1-转向油泵;2-储液罐;3-转向器壳体;4-转阀阀体;5-转阀阀芯;6-扭力杆;7-转向助力缸;8-液压反力活塞;9-控制杆;10-液压反力腔;11-转向器齿轮;12-转向器齿条;13-节流孔;14-液流分配阀柱塞;15-液流分配阀弹簧;16-电磁阀线圈;17-电磁阀滑阀;18-电磁阀弹簧;19-动力转向 ECU;20-车速传感器动力转向器总成

当汽车转向角度较大,助力缸液压升高较大时,反馈到进油管的油压也升高,通过量孔的流量也自然增加,使反力腔的阻力作用迅速得以增强。然而过分的增加转向操纵力对驾驶也不利,为此流量分配阀就起到了限制反力腔流量的作用。当进油压力升至较高时,推动流量分配阀下阀体逐渐向下,关小至反力腔的液流通道,使反力腔的阻力作用得以抑制。

 第三章 汽车液压制动系统

第一节 普通液压式制动装置

一、组成及工作原理

液压式制动传动装置在目前的轿车、轻型货车的行车制动系上得到了广泛的应用。如图3-1所示,液压式制动传动装置由制动踏板、主缸推杆、制动主缸、储液罐、制动轮缸、油管、制动灯开关、指示灯、比例阀等组成。

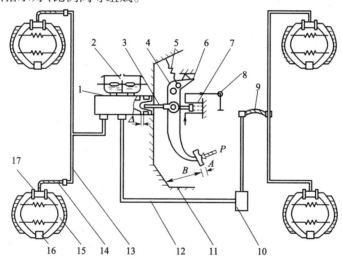

图 3-1 液压式制动传动装置的组成

1-制动主缸;2-储液罐;3-主缸推杆;4-支承销;5-复位弹簧;6-制动踏板;7-制动灯开关;8-指示灯;9-软管;
10-比例阀;11-地板;12-后桥油管;13-前桥油管;14-软管;15-制动蹄;16-支承座;17-制动轮缸;Δ-自由间隙;
A-自由行程;B-有效行程;P-施加在制动踏板上的压力

液压制动传动装置以帕斯卡定律为基础,并且在传力过程中对驾驶员的踏板力进行了放大,使传递到制动轮缸及制动蹄上的制动力大于踏板力。其工作原理如图3-2所示。

当驾驶员进行制动时,主缸活塞被推动。因主缸内液体用管子连接到车辆的每个前、后轮制动器的活塞处,故每当主缸活塞移动时,制动器活塞也移动。

二、分类

液压制动传动装置按制动管路布置形式不同,分为单管路和双管路制动传动装置。单管路液压制动传动装置是利用一个主缸,通过一套相连的管路,控制全车制动器;双管路液

33

压制动传动装置是利用彼此独立的双腔制动主缸,通过两套独立管路,分别控制两桥或三桥的车轮制动器。

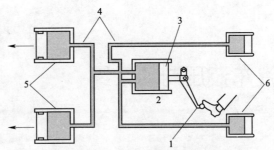

图 3-2　汽车液压制动系统工作原理示意图
1-制动踏板;2-主缸;3-施力活塞;4-液压管路;5-前轮缸;6-后轮缸

在现代汽车上,由于单管路制动系统的可靠性差已不再使用。交通法规中也提出了明确的要求,现代汽车的行车制动系统都必须采用双管路制动传动装置。本节主要介绍双管路液压制动传动装置。

双管路的布置原则是当一套管路发生故障而失效时,只引起制动效能的降低,但其前、后桥制动力分配的比值最好不变,以保持汽车良好的操纵性和稳定性。双管路的布置方案在各型汽车上各不相同,常见的有前后独立式和交叉式两种形式。

(一)前后独立式

如图 3-3 所示,前后独立式双管路液压制动传动装置由双腔制动主缸通过两套独立的管路分别控制前桥和后桥的车轮制动器。这种布置方式结构简单,如果其中一套管路损坏漏油,另一套仍能起作用,但会破坏前后桥制动力分配的比例。前后独立式主要用于发动机前置,后轮驱动的汽车,如南京依维柯等。

(二)交叉式(对角线式)

如图 3-4 所示,交叉式双管路液压制动传动装置由双腔制动主缸通过两套独立的管路分别控制前后桥对角线方向的两个车轮制动器。这种布置方式在任一管路失效时,仍能保持一半的制动力,且前后桥制动力分配比例保持不变,有利于提高制动方向稳定性。交叉式主要用于发动机前置,前轮驱动的轿车。

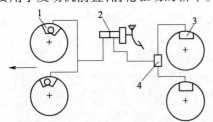

图 3-3　前后独立双管路液压制动传动装置
1-盘式制动器;2-双腔制动主缸;3-鼓式制动器;4-制动力调节器

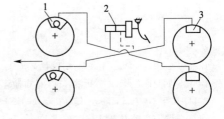

图 3-4　交叉式的双管路液压制动传动装置
1-盘式制动器;2-双腔制动主缸;3-鼓式制动器

三、液压式制动传动装置主要部件

(一)制动主缸

制动主缸又称为制动总泵,它处于制动踏板与管路之间,其功用是将制动踏板输入的机械力转换成液压力。

1. 结构

如图 3-5 所示,串联式双腔制动主缸主要由储液罐、制动主缸缸体、前活塞、后活塞及前后活塞弹簧、皮碗等组成。

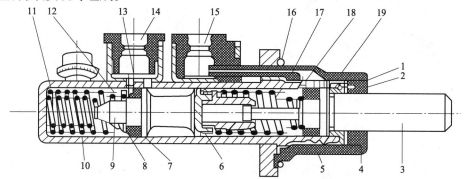

图 3-5　串联式双腔制动主缸

1-隔套;2-密封圈;3-后活塞;4-防尘罩;5-防动圈;6、13-密封圈;7-垫圈;8-皮碗;9-前活塞;10-前活塞弹簧;
11-缸体;12-前腔;14、15-进油孔;16-定位圈;17-后腔;18-补偿孔;19-回油孔

主缸的壳体内装有前活塞、后活塞及复位弹簧,前后活塞分别用皮碗密封,前活塞用限位螺钉保证其正确位置。储油罐分别与主缸的前、后腔相通,前出油口、后出油口分别与轮缸相通,前活塞靠后活塞的液力推动,而后活塞直接由推杆推动。

2. 工作原理

不制动时,两活塞前部皮碗均遮盖不住其旁通孔,制动液由储液罐进入主缸。

正常状态下制动时,操纵制动踏板,经推杆推动后活塞左移,在其皮碗遮盖住旁通孔之后,后腔制动液压力升高,制动液一方面经出油阀流入制动管路,一方面推动前活塞左移。在后腔液压和弹簧弹力的作用下,前活塞向左移动,前腔制动液压力也随之升高,制动液推开出油阀流入管路。于是两制动管路在等压下对汽车制动。

解除制动时,抬起制动踏板,活塞在弹簧作用下复位,高压制动液自制动管路流回制动主缸。如活塞复位过快,工作腔容积迅速增大,而制动管路中的制动液由于管路阻力的影响,来不及充分流回工作腔,使工作腔内油压快速下降,便形成一定的真空度,于是储液罐中的油液便经补偿孔和活塞上的轴向小孔推开垫片及皮碗进入工作腔。当活塞完全复位时,旁通孔开放,制动管路中流回工作腔的多余油液经补偿孔流回储液罐。

(二)制动轮缸

制动轮缸又称为制动分缸,它的作用是将制动主缸传来的液压力转变为使制动蹄张开或使制动钳夹紧的机械推力。

1. 制动轮缸的类型

常见的制动轮缸类型有双活塞式和单活塞式,如图 3-6 所示。

2. 制动轮缸的工作原理

如图 3-7 所示为鼓式制动器的制动轮缸工作原理示意图。制动轮缸受到液压作用后,顶出活塞,使制动蹄扩张。松开制动踏板,液压力消失,活塞依靠制动蹄复位弹簧的力复位。

(三)制动力分配调节装置

为使前后轮获得理想的制动力,现代汽车上采用了各种制动力调节装置,用以调节前后车轮制动管路的工作压力,常用的调节装置有限压阀、比例阀和感载比例阀等。

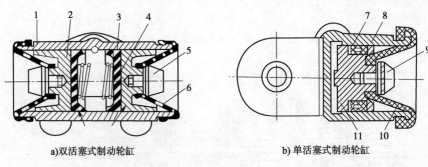

a)双活塞式制动轮缸   b)单活塞式制动轮缸

图3-6 制动轮缸类型

1、8-缸体;2、11-活塞;3-皮碗;4-弹簧;5、9-顶块;6、10-防护罩;7-O形圈

1.限压阀

限压阀串联在制动主缸与后轮制动器的管路之间,其功用是当前、后制动管路压力 p_1 和 p_2 由零同步增长到一定值后,自动将 p_2 限定在该值不变。

图3-8为液压式限压阀的结构及特性曲线。阀体上有三个孔口,A口与制动主缸连通,B口通两后轮轮缸。阀体内有滑阀3和有一定预紧力的弹簧2,滑阀被弹簧顶靠在阀体内左端。

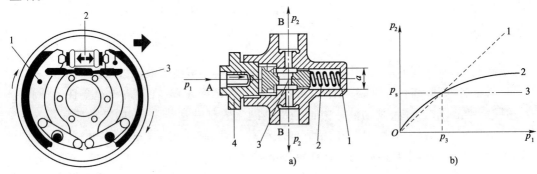

图3-7 制动轮缸工作原理示意图

1-制动器;2-制动轮缸;3-制动鼓

图3-8 液压式限压阀及特性曲线

1-阀体;2-弹簧;3-滑阀;4-接头;A-通制动主缸;B-通制动轮缸

当轻踩制动踏板时,制动主缸产生一定的液压力 p_1,滑阀左端面推力为 $p_1 \cdot a$(a 为滑阀左端面有效面积),滑阀右端承受弹簧力 F。此时,由于 $F > p_1 \cdot a$,滑阀不动,因而 $p_1 = p_2$,限压阀不起限压作用。

当踏板压力增大时,p_1 与 p_2 同步增长到一定值 p_s(限压点)后,活塞左方压力便超过右方弹簧的预紧力,即 $p_s \cdot a > F_s$,于是滑阀向右移动,关闭A腔与B腔的通路。此后,p_1 再增大时,p_2 也不再增大。

限压点 p_s 决定于限压阀的结构,与汽车的轴载质量无关。通常情况下,p_s 值低于理想值,不会出现后轮先抱死。

2.比例阀

比例阀也串联在制动主缸与后轮制动器的管路之间,其功用是当前、后制动管路压力 p_1 和 p_2 由零同步增长到一定值 p_s 后,即自动对 p_2 增长加以限制,使 p_2 的增量小于 p_1 的增量。

图3-9为比例阀的结构原理,比例阀通常采用两端承压面积不等的异径活塞。不工作时,异径活塞2在弹簧3的作用下处于上极限位置。此时阀门1保持开启,因而在输入控制

压力 p_1 与输出压力 p_2 从 0 同步增长的初始阶段，$p_1 = p_2$。但是压力 p_1 的作用面积小于压力 p_2 的作用面积，故活塞上方液压作用力大于活塞下方的液压作用力。在 p_1、p_2 同步增长的过程中，活塞上、下两端液压作用力之差超过弹簧 3 的预紧力时，活塞便开始下移。当 p_1、p_2 增长到定值 p_s 时，活塞内腔中阀座与阀门接触，进油腔与出油腔被隔绝。此即比例阀的平衡状态。

若进一步提高 p_1，则活塞上升，阀门再度开启，油液继续流入出油腔，使 p_2 也升高，但由于活塞的下端面积小于其上端面积，因此 p_2 尚未增加到新的 p_1 值，活塞又下降到平衡位置。

3.感载比例阀

有些车辆在实际载质量不同时，其总质量和质心位置变化较大。因此，满载和空载时的前后轮制动力分配差距也较大，所以应采用随汽车实际装载质量变化而改变的感载比例阀。

图 3-10 为液压式感载比例阀。阀体 3 安装在车身上，其中活塞 4 为两端承压面积不等的差径结构，其右部空腔内有阀门 2。

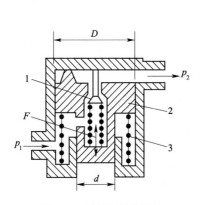

图 3-9　比例阀的结构原理
1-阀门；2-活塞；3-弹簧

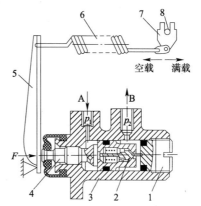

图 3-10　液压感载比例阀及其感载控制机构
1-螺塞；2-阀门；3-阀体；4-活塞；5-杠杆；6-感载拉力弹簧；7-摇臂；8-后悬架横向稳定杆

不制动时，活塞在拉力弹簧 6 通过杠杆 5 施加的推力 F 作用下处于右极限位置。阀门 2 因其杆部顶触螺塞 1 而开启，使左右阀腔连通。

轻微制动时，来自制动主缸的液压 p_1 由进油口 A 进入，并通过阀门 2 从出油口 B 输出至后轮缸，出油口 B 处液压 $p_2 = p_1$。此时，活塞右端面的推力为 $p_2 \cdot b$（b 为活塞右端面圆形有效面积）小于左端的推力 $p_1 \cdot a$（a 为活塞左端面圆形有效面积，$a < b$）与推力 F 之和。在此状态下，活塞不动，阀门 2 仍处于开启状态，$p_2 = p_1$。

重踩制动踏板时，制动管路的液压 p_2 和 p_1 将同步增长，当增长至活塞左右两端面液压之差大于推力 F 时，活塞即左移一定距离。阀门 2 落座，将左右两腔隔绝。此时的液压为限压点的液压 p_s，活塞处于平衡状态。若进一步提高 p_1，则活塞将右移，阀门 2 再度开启，油液继续流入出油腔使 p_2 也升高。但由于 $a < b$，p_2 尚未升高到等于 p_1 时，阀门 2 又落座，将油道切断，活塞又处于平衡状态。这样，自动调节过程将随踏板力的变化反复不断地进行。在 p_1 超过 p_s 后，p_2 虽随 p_1 按比例的增长，但总是小于 p_1。

从上述过程得知，活塞处于平衡状态时，其两端的压力差和弹簧的推力 F 总维持着下述关系：

$$p_2 \cdot b = F + p_1 \cdot a$$

由此式得知，p_2 与弹簧推力 F 成正比关系，限压点液压 p_s 的大小也取决于弹簧推力 F 的大小。F 增大时，p_s 就愈大；反之则小。只要使弹簧的预紧力能随实际轴载质量变化，便能实现感载调节。

当汽车的轴载变化时，车身和车桥间的距离发生变化，利用此变化来改变弹簧的预紧力，即能实现感载调节。

第二节 真空助力式液压传动装置

在普通的液压制动系统中，加装真空助力装置，可以减轻驾驶员施加于制动踏板上的力，增加车轮的制动力，达到操纵轻便、制动可靠的目的。

如图 3-11 为奥迪 100 型轿车双管路真空助力式液压制动传动装置。串联双腔制动主缸 4 的前腔通向左前轮缸 10，并经感载比例阀 9 通向右后轮缸 13。主缸的后腔通向右前轮缸 12，并经感载比例阀 9 通向左后轮缸 11，加力气室 3 和控制阀 2 组成一个整体部件，称为真空助力器。制动主缸直接装在加力气室的前端，真空止回阀 7 装在伺服气室上。加力气室工作时产生的推力，也同踏板力一样直接作用在制动主缸 4 的活塞推杆上。

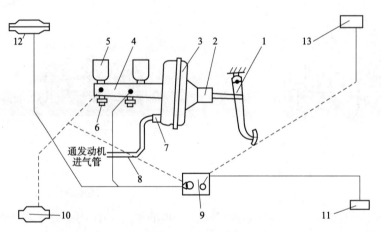

图 3-11 奥迪 100 型轿车真空助力式液压制动传动装置

1-制动踏板机构；2-控制阀；3-加力气室；4-制动主缸；5-储液箱；6-制动信号灯液压开关；7-真空止回阀；8-真空供能管路；9-感载比例阀；10-左前轮缸；11-左后轮缸；12-右前轮缸；13-右后轮缸

第三节 汽车防抱死制动系统（ABS）

一、汽车防抱死制动系统（ABS）的基本组成和工作原理

（一）汽车防抱死制动系统（ABS）的基本组成

汽车制动系统随车型的不同而不同，同样汽车防抱死制动系统（ABS）也因车型而异。因此 ABS 的类型较多，但基本都是由电子控制单元（CECU）、制动压力调节装置、车轮转速传感器等组成。ABS 的组成如图 3-12 所示。

在正常工作时,所有 ABS 都和传统的助力制动系统相似。在强力制动时,ABS 根据车轮的速度调节通向每个车轮的制动液压力。

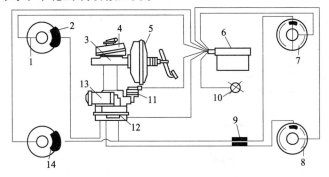

图 3-12　ABS 的组成

1-车轮转速传感器;2-右前轮制动器;3-制动主缸;4-储液室;5-真空助力器;6-电子控制单元;7-右后轮制动器;8-左后轮制动器;9-比例阀;10-ABS 警告灯;11-储液器;12-调压电磁阀总成;13-电动泵总成;14-左前轮制动器

(二)汽车防抱死制动系统(ABS)的工作原理

汽车制动的目的之一是为了达到最短的制动距离,若车轮滑移率维持在峰值附着力系数处就可以得到最大的地面附着力,即最短的制动距离;同时在峰值附着力系数处的侧向力也较大,对维持汽车的制动稳定性十分有利。因此,防抱死制动系统就是控制滑移率在车轮峰值附着力系数附近处波动,从而获得较大的车轮纵向和侧向力,使汽车同时具有较短的制动距离和制动稳定性。

ABS 的基本控制原理如图 3-13 所示,制动的初始阶段,随着汽车驾驶员踏下制动踏板,制动压力上升,车轮产生制动减速度。当车轮达到某一减速度值时,说明车轮有抱死倾向,车轮状态已处于不稳定的区域。此时,电子控制单元命令制动力矩减小,即进行压力释放。这时车轮由于惯性力及机械系统滞后仍有一段制动减速度下降,随后制动减速度开始上升,最终产生车轮角加速度。这表明车轮已恢复到稳定的车轮特性区域内,如果继续进行制动压力释放就会导致车轮附着力系数减小,并最终使制动力丧失。而当车轮达到稳定区域时,希望汽车尽可能多地停留在这一区域内,这样制动力和侧向力都较大。所以当车轮运动状态达到一定加速度门限后,制动压力进行保持,这时车轮由于惯性的原因加速度会继续上升一段时间,然后呈下降的趋势。这时如果不改变制动压力状态,维持保压,车轮减速度比较小,达不到峰值附着力系数,则制动距离长。因此,当加速度下降到某一门限时,制动压力要重新开始增加,以使制动状态能长时间地停留在稳定区域内。为此采用交替式的增压保压,获得不同的压力增加速率,得到最优的制动效果。

二、ABS 液压控制装置

(一)ABS 液压控制装置的组成

ABS 液压控制总成是在普通制动系统的液压装置上加装 ABS 液压调节器而形成的,因此,ABS 液压控制装置除了普通制动系统的液压部件外,还包括 ABS 液压调节器。ABS 液压调节器通常由电动泵、储能器、电磁控制阀体(三对控制阀)和一些控制开关等组成。实质上 ABS 就是通过电磁控制阀体上的三对控制阀控制轮缸上的油压迅速变大或变小,从而实现了防抱死制动功能。

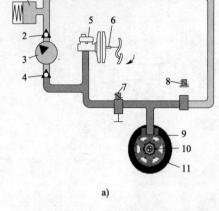
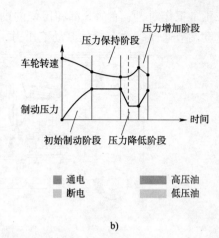

a)　　　　　　　　　　　　　　　　b)

图 3-13　ABS 的工作原理

1-低压储液器;2-吸入阀;3-液压泵;4-压力阀;5-制动主缸;6-真空助力器;7-进油阀;8-出油阀;9-制动器;
10-车轮转速传感器与脉冲轮;11-车轮

1. 电动液压泵

电压液压泵的功用是提高液压制动系统内的制动液压力,为 ABS 正常工作提供基础压力。

电动液压泵通常是直流电动机和柱塞泵的组合体,如图 3-14 所示。其中直流电动机的工作由安装在柱塞泵出液口处的压力控制开关控制。当出液口处的压力低于设定的控制压力(14000kPa)时,压力开关触点闭合,电动机即通电转动带动柱塞泵运转,将制动液泵送到储能器中;当出液口处的压力高于设定的控制压力时,开关触点断开,电动机及柱塞泵因断电而停止工作。如此往复,将柱塞泵出液口和储能器处的制动液压力控制在设定的标准值之内。

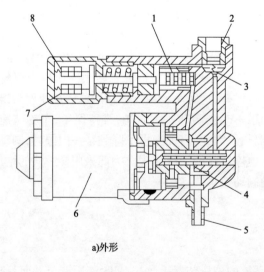
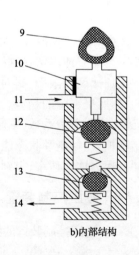

a)外形　　　　　　　　　　　　　b)内部结构

图 3-14　电动液压泵结构

1-限压阀;2、14-出油口;3-止回阀;4-滤芯;5、11-进油口;6-电动机;7-控制开关;8-警告开关;9-凸轮;10-柱塞;12-进油阀;13-出油阀

2. 储能器

储能器的功用是向车轮制动轮缸、制动助力装置供给高压制动液,作为制动能源。储能

器的结构形式多种多样。图 3-15 所示为活塞—弹簧式储能器示意图,该储能器位于电磁阀和回油泵之间,由制动轮缸来的制动液进入储能器,进而压缩弹簧使储能器液压腔容积变大,以暂时储存制动液。图 3-16 所示的是一种气囊式储能器,内部用隔膜分成上下两腔室,上腔室充满氮气,下腔室与电动液柱塞泵出液口相通,电动液压泵将制动液泵入储能器下腔室,使隔膜上移。储能器上腔室的氮气被压缩后产生压力,反过来推动隔膜下移,使下控室制动液在平时始终保持 14000 ~ 18000kPa 的压力。在常规制动和防抱死制动系统工作时,储能器均可提供较大压力的制动液。

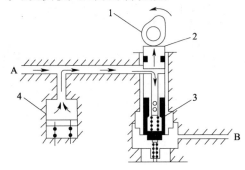

图 3-15　活塞—弹簧式储能器

1-储能器;2-回油泵;3-回油泵;4-储能器;A-通轮缸;B-通储能器

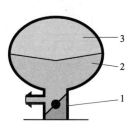

图 3-16　气囊式储能器

1-控制阀;2-制动液;3-氮气

3. 电磁控制阀

电磁控制阀是 ABS 液压调节器的重要部件,由它完成对 ABS 的控制。ABS 中都有一个或两个电磁阀体,其中有若干对电磁控制阀,分别控制前、后轮的制动。常用的电磁阀有三位三通阀和二位二通阀等多种形式。

三位三通电磁阀的内部结构如图 3-17 所示。它主要由阀体、进油阀、回油阀、弹簧、电磁线圈等组成。

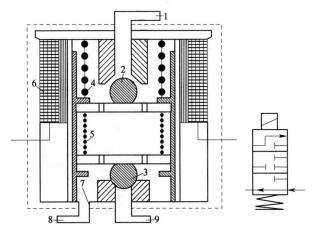

图 3-17　三位三通电磁阀

1-进油口;2-进油阀;3-回油阀;4-主弹簧;5-副弹簧;6-电磁线圈;7-出油口;8-通往制动轮缸;9-通往储液器

三位三通电磁阀的工作过程如图 3-18 所示。当电磁阀线圈中无电流通过时,由于主弹簧力大于副弹簧弹力,进油阀被打开,卸荷阀关闭,制动主缸与轮缸油路相通;当向电磁阀线圈输入 1/2 最大电流时(保持电流),电磁力使柱塞向上移动一定距离将进油阀关闭。此时,电磁力不足以克服两个弹簧的弹力,柱塞便保持在中间位置,卸荷阀仍处于关闭状态。

此状态时,三孔间相互密封,轮缸压力保持一定值;当电子控制单元向电磁线圈输入最大工作电流时,电磁力足以克服主、副弹簧的弹力使柱塞继续上移将卸荷阀打开,此时轮缸通过卸荷阀与储液室相通,轮缸中制动液流入储液室,压力降低。

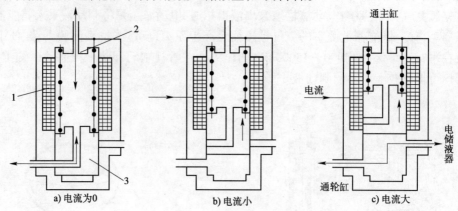

a) 电流为0   b) 电流小   c) 电流大

图 3-18　三位三通电磁阀的工作情况
1-线圈;2-固定铁芯;3-柱塞(可动铁芯)

二位二通电磁阀分为二位二通常开电磁阀和二位二通常闭电磁阀。两个电磁阀均由阀门、衔铁、电磁线圈、复位弹簧等组成。

常态下,二位二通常开电磁阀阀门在弹簧张力作用下打开,二位二通常闭电磁阀阀门在弹簧张力作用下闭合,如图 3-19 所示。

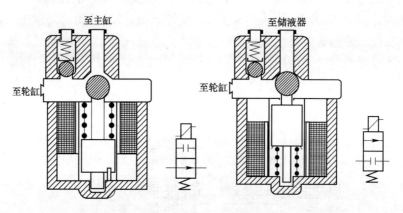

图 3-19　二位二通电磁阀

二位二通常开电磁阀用于控制制动主缸到制动轮缸的制动液通路,又称为二位二通常开进液电磁阀。二位二通常闭电磁阀用于控制制动轮缸到储液器的制动液回路,又称为二位二通常闭出液电磁阀。

(二)ABS 液压调节器的工作原理

根据工作原理的不同,液压制动系统采用的制动压力调节装置可分为循环式和可变容积式。

1. 循环式制动压力调节器

如图 3-20 所示。循环式制动压力调节器是在制动主缸与轮缸之间串联一电磁阀,直接控制轮缸的制动压力。它主要由制动踏板机构、制动主缸、回油泵、储能器、电磁阀、制动轮缸组成。

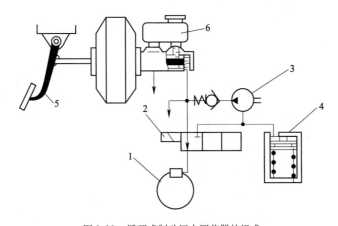

图 3-20　循环式制动压力调节器的组成

1-轮缸;2-电磁阀;3-回油泵;4-储能器;5-制动踏板;6-制动主缸

循环式制动压力调节器的工作过程如下。

（1）常规制动状态。如图 3-21 所示,在常规制动过程中,ABS 不工作,电磁线圈中无电流通过,电磁阀处于"升压"位置。此时制动主缸与轮缸相通,由制动主缸来的制动液直接进入轮缸,轮缸压力随主缸压力的升高而升高。

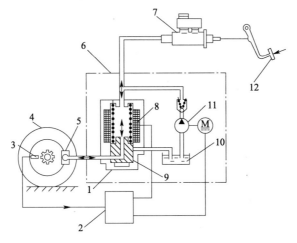

图 3-21　常规制动状态

1-电磁阀;2-ECU;3-传感器;4-车轮;5-轮缸;6-液压部件;7-主缸;8-线圈;9-阀芯;10-储液器;11-回油泵;
12-制动踏板

（2）保压状态。如图 3-22 所示,当电子控制单元向电磁线圈输入一个较小的保持电流（约为最大电流的 1/2）,电磁阀处于"保压"位置。此时制动主缸、制动轮缸和回油孔相互隔离,轮缸中的制动压力保持一定。

（3）减压状态。如图 3-23 所示,当电子控制单元向电磁线圈输入一个最大电流时,电磁阀处于"减压"位置。此时电磁阀将轮缸与回油通道或储液室接通,轮缸中的制动液经电磁阀流入储液室,轮缸压力下降。与此同时,电动机起动,带动液压泵工作,将流回储液室的制动液加压后输送到主缸,为下一个制动周期做好准备。

（4）增压状态。如图 3-24 所示,当制动压力下降后,车轮的转速增加,当电控制单元检测到车轮增加太快时,便切断通往电磁阀的电流,使制动主缸与制动轮缸再次相通,制动主缸的高压制动液再次进入制动轮缸,制动力增加。

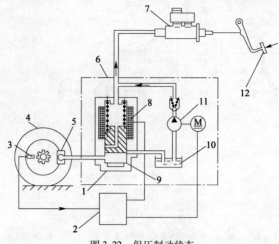

图 3-22 保压制动状态

1-电磁阀;2-ECU;3-传感器;4-车轮;5-轮缸;6-液压部件;7-主缸;8-线圈;9-阀芯;10-储液器;11-回油泵;
12-制动踏板

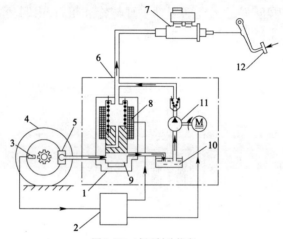

图 3-23 减压制动状态

1-电磁阀;2-ECU;3-传感器;4-车轮;5-轮缸;6-液压部件;7-主缸;8-线圈;9-阀芯;10-储液器;11-回油泵;
12-制动踏板

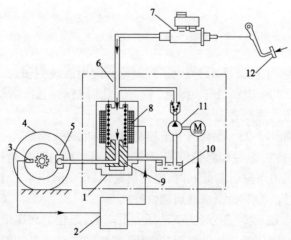

图 3-24 增压制动状态

1-电磁阀;2-ECU;3-传感器;4-车轮;5-轮缸;6-液压部件;7-主缸;8-线圈;9-阀芯;10-储液器;11-回油泵;12-制动踏板

制动时,上述过程反复进行,直到解除制动为止。

2. 可变容积式制动压力调节器

如图 3-25 所示,可变容积式制动压力调节器是在汽车原有制动管路上增加一套液压控制装置,用它控制制动管路中制动液容积的增减,从而控制制动压力的变化。它主要由电磁阀、控制活塞、液压泵、储能器等组成。

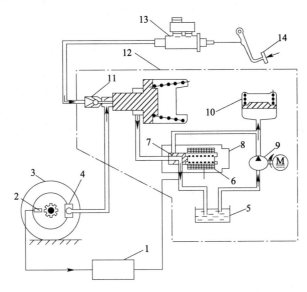

图 3-25　可变容积式制动压力调节器的组成

1-ECU;2-传感器;3-车轮;4-轮缸;5-储液器;6-线圈;7-柱塞;8-电磁阀;9-液压泵;10-储能器;11-止回阀;
12-液压部件;13-主缸;14-制动踏板

可变容积式制动压力调节器的工作过程如下。

(1)常规制动状态。常规制动状态的调压过程如图 3-26 所示。在制动压力调节装置未进行防抱死制动压力调节时,电磁线圈中没有电流通过,电磁阀中的柱塞位于最左端,将液压控制活塞大端的工作腔与储液器接通,由于液压控制活塞的大端没有受到液压的作用,控制活塞在其复位弹簧的预紧力作用下,处于左端极限位置,控制活塞的顶端有一推杆,将止回阀顶开,使制动主缸与制动轮缸的管路相互沟通,制动主缸的制动液直接进入制动轮缸,制动轮缸的制动压力随制动主缸的输出压力而变化。

(2)减压状态。减压制动状态的调压过程如图 3-27 所示。在防抱死制动压力调节过程中,当需要减小制动轮缸的制动压力时,ECU 发出指令,给电磁线圈通入最大电流,使电磁线圈中产生的磁力也最大,电磁阀中的柱塞在最大磁力作用下,克服弹簧的弹力移至最右端,将储能器与液压控制活塞的工作腔接通,同时将通储液器的管路关闭。电动泵开始工作,来自储能器或电动泵的高压制动液流入控制活塞大端的工作腔,克服弹簧的弹力,推动控制活塞右移,止回阀在复位弹簧的作用下落座,将制动主缸与制动轮缸隔离,制动轮缸中的制动液就会流入控制活塞小端的工作腔,制动轮缸的制动压力随之减小。轮缸制动压力减小的程度取决于控制活塞向右移动的距离,控制活塞向右移动的距离越大,在制动轮缸侧的容积就越大,制动轮缸制动压力就减小的越多。

(3)保压状态。保压制动状态的调压过程如图3-28 所示。在防抱死制动压力调节过程中,当需要保持制动轮缸的压力时,ECU 发出指令,给电磁线圈通入一个较小的电流,由于电流较小,在电磁线圈中产生的磁力也较小,使电磁阀中的柱塞不能完全克服弹簧的弹力,而处于中间位置,从而将通向储能器、控制活塞工作腔和储液器的管路全部关闭,来自储能器或电动泵的制动液不能再进入液压控制活塞大端的工作腔,控制活塞大端工作腔的压力不再发生变化,液压控制活塞在大端工作腔的油压和弹簧力作用下,保持在一定的位置,此时由于止回阀仍处于落座状态,制动轮缸的制动压力保持不变。

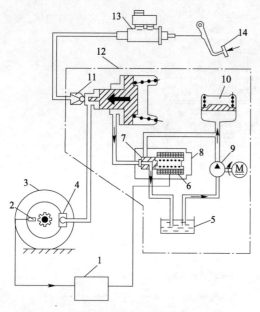

图 3-26　常规制动状态

1-ECU;2-传感器;3-车轮;4-轮缸;5-储液器;6-线圈;

7-柱塞;8-电磁阀;9-液压泵;10-储能器;11-止回阀;

12-液压部件;13-主缸;14-制动踏板

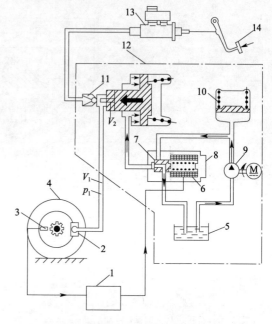

图 3-27　减压制动状态

1-ECU;2-传感器;3-车轮;4-轮缸;5-储液器;6-线圈;

7-柱塞;8-电磁阀;9-液压泵;10-储能器;11-止回阀;

12-液压部件;13-主缸;14-制动踏板

（4）增压状态。增压制动状态的调压过程如图 3-29 所示。在防抱死制动压力调节过程中,当需要增加制动轮缸的压力时,ECU 发出指令,切断通向电磁线圈的电流,电磁阀中的柱塞在弹簧力的作用下回到左端初始位置,将液压控制活塞大端的工作腔与储液器管路接通,液压控制活塞大端工作腔内的制动液流回储液器,作用在活塞大端工作腔的高压被解除,液压控制活塞在弹簧力的作用下,也回到左端的初始位置,顶开止回阀,使来自制动主缸的制动液直接进入制动轮缸,以增大制动轮缸的制动压力。

可变容积式压力调节器的特点是通过改变电磁阀中柱塞的位置,对液压控制活塞的移动进行控制,从而改变制动轮缸侧的管路容积,利用这种变化间接地控制轮缸制动压力的增减。其制动压力的增减速度取决于液压控制活塞的移动速度。

三、典型 ABS

（一）博世 ABS

图 3-30 是德国博世（Bosch）ABS,图中的液压调节器 3,主要由电磁阀 3.1,储油器 3.2 和蓄压泵 3.3 等组成。

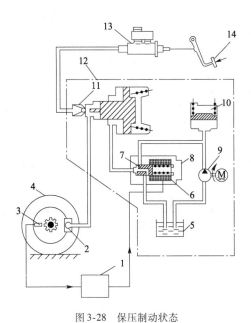

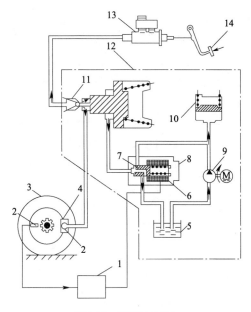

图 3-28　保压制动状态

1-ECU;2-传感器;3-车轮;4-轮缸;5-储液器;
6-线圈;7-柱塞;8-电磁阀;9-液压泵;10-储能器;
11-止回阀;12-液压部件;13-主缸;14-制动踏板

图 3-29　增压制动状态

1-ECU;2-传感器;3-车轮;4-轮缸;5-储液器;6-线圈;7-柱塞;8-电磁阀;9-液压泵;10-储能器;11-止回阀;12-液压部件;13-主缸;14-制动踏板

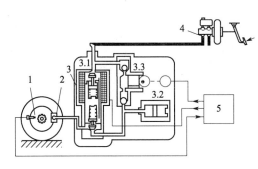

a)增压状态

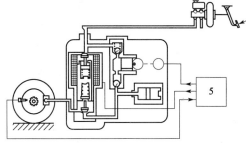

b)保压状态

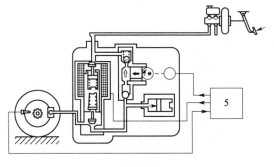

c)减压状态

图 3-30　博世 ABS 的工作

1-车轮速度传感器;2-制动轮缸;3-液压调节器;3.1-电磁阀;3.2-储油器;3.3-蓄压泵;4-制动主缸;5-ABS 电控单元

在正常制动的时候,ABS 电控单元 5 不控制液压调节器 3 工作,上面的输入阀开启,下面的输出阀关闭,由制动主缸 4 通向车轮制动轮缸 2 的油路畅通无阻,制动力的大小与制动踏板踩下的程度成比例,即增压状态,如图 3-30a)所示。如果车轮开始抱死,ABS 电控单元 5 就会判断出来,并发出指令使液压调节器 3 通电。在液压调节器中,由于电磁阀的衔铁上装有一个预紧弹簧,其弹簧力限制了衔铁在两个不同控制电流下的行程,因此,当 ABS 电控单元控制液压调节器处于半通电状态时,只有上面的输入阀关闭如图 3-30b)所示,制动主缸至车轮制动轮缸 2 的通道被切断,使车轮的制动压力保持不变,制动力恒定。倘若车轮继续抱死,ABS 就会控制液压调节器处于全通电状态,下面的输出阀开启如图 3-30c)所示,车轮制动轮缸 2 接通回油通道,车轮制动力下降,车轮速度开始上升。此时 ABS 电控单元再给液压调节器断电,车轮的制动力会上升。这样反复循环控制,将车轮的滑移率 S 控制在 20% 左右,达到最佳制动的目的。

奔驰车系应用最多的是博世 ABS Ⅱ型系统,采用三传感器、三通道、前轮独立后轮低选控制方式,制动压力调节器与制动主缸分离,即属于分离式液压制动 ABS。

液压调节装置由三个电磁调压阀、一个电磁阀继电器、一个电动液压泵及相应的电动液压泵继电器、两个储能器组成,装置的连接如图 3-31 所示。

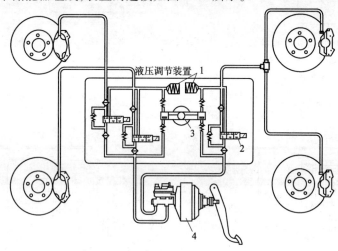

图 3-31 奔驰车系 ABS 的液压调节装置连接图
1-储能器;2-电磁调压阀;3-电动液压泵;4-制动主缸

汽车在行驶过程中,电子控制单元会不断检测各个车轮速度传感器的脉冲信息。如果踩下了制动踏板,而且没有任何车轮趋于抱死,电子控制单元不会给相关端子提供信号,三个电磁调压阀的线圈中均无电流,调压阀处于"加压"状态,来自制动主缸的制动液可经调压阀的进液阀、出液口到达制动钳或轮缸;松开制动踏板,则制动钳或轮缸中的制动液可经调压阀的出液口、进液阀返回制动主缸,如同没有 ABS 的制动系统的常规制动过程。

当电子控制单元检测到某个车轮有抱死趋势时,电子控制单元即在相应的电磁调压阀的线圈上加上"部分接地"信号。例如,当左前轮趋于抱死时,电子控制单元在相应端子上提供"部分接地"信号,使左前轮电磁调压阀上的进液阀和出液口均关闭,进入"保压"状态,相应制动钳或轮缸中的制动液被封闭。如果电子控制单元继续检测到这个车轮有抱死趋势,就在相应的线圈上加"接地"信号,相应调压阀的出液口关闭,进液阀和回液阀开启,调压阀处于"减压"状态,制动钳或轮缸的制动液被储能器和电动液压泵吸出。此时,车轮转速会上升。当加速度达到预定值时,电子控制单元又会关闭回液阀,开启进液阀和出液口,进入"加压"状态。

（二）达科 ABS

图 3-32 所示为达科（Ⅵ）ABS，从整个系统的基本结构与基本原理来说，与博世 ABS 的完全一样，但液压调节器的结构与工作过程有一定的特点。

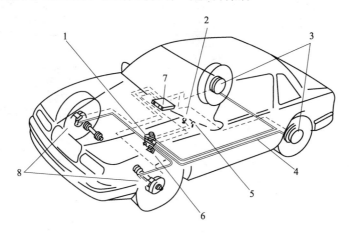

图 3-32　达科（Ⅵ）ABS

1-制动主缸;2-制动故障指示灯(红);3-后制动器(鼓式);4-制动油管路;5-ABS 故障指示灯(琥珀色);6-液压调节器;7-ABS 电控单元;8-前轮制动器(盘式)

达科（Ⅵ）ABS 液压调节器位于制动主缸和制动轮缸之间，与制动主缸组合成一体。在液压调节器上装有 3 个电磁阀，其中两个电磁阀分别控制两个前轮，一个电磁阀同时控制两个后轮，它们只在 ABS 电控单元的控制下关闭或接通去制动轮缸的油路。止回阀受活塞的上下移动来控制开启或关闭，而活塞的上下移动是靠马达体中的电动机驱动齿轮旋转，最终带动螺杆旋转来完成的。

图 3-33 是控制前轮的液压调节器工作原理图。当正常制动时，电磁阀不工作，油路处在开启状态，活塞位于上方，止回阀也开启，制动主缸的制动液可通过电磁阀、止回阀到前制动器进行制动。此时电磁制动器（EMB）不通电，即处于制动状态。电动机不能转动，活塞保持在上方位置不动。当 ABS 工作时，电磁阀通电工作，油路被切断，这时电磁制动器（EMB）通电使电动机释放，活塞在电动机的驱动下稍向下移动，止回阀关闭，止回阀与活塞之间出现小的空间。ABS 电控单元根据车轮速度传感器传来的车速信号，控制电动机旋转，旋转速度通过齿轮减速后再传给螺杆，螺杆转动使活塞上下调整。活塞上移，空间变小，油压变大，制动力增加，即加压状态;活塞不动，油压不变，即保压状态;活塞下降，油压变小，即减压状态。就这样减压、保压和加压的循环控制，使车轮的制动保持在最佳状态，车轮不会被完全抱死。

图 3-34 是控制后轮的液压调节器工作原理图，整个工作过程与前轮的基本相同。电动机驱动螺杆旋转，再通过一平板控制两个活塞上下移动，使两个止回阀与活塞间的小空间变化，实施两后轮保压，增压和减压的 ABS 控制。控制后轮的液压调节器中没有电磁阀，结构较简单。这是因为制动时前轮比后轮承担更大负荷的缘故。

（三）坦孚 ABS

坦孚 MK-Ⅱ 型 ABS 采用的是四传感器、三通道、前轮独立—后轮选择控制方式，其组成包括电子控制单元（ECU）、液压装置、主继电器、电动液压泵继电器、液压开关、ABS 报警灯等。制动压力调节器由供能装置、制动主缸和电磁调压阀总成等组成。

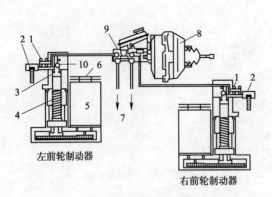

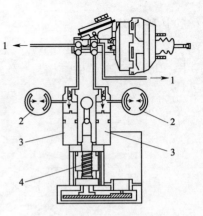

图3-33　控制前轮的液压调节器

1-电磁阀;2-盘式制动器;3-活塞;4-螺杆;5-电动机;

6-电磁制动器(EMB);7-通后制动器;8-真空助力

器;9-制动主缸;10-止回阀

图3-34　控制后轮的液压调节器

1-液压油流向;2-后制动器;3-活塞;4-螺杆

图3-35所示为坦孚MK-Ⅱ型ABS液压制动系统原理图,整个系统中使用了两个储液室,外储液室即储液器,向液压装置提供制动液;内储液室与制动主缸做成一体,用以保证制动主缸充满制动液,及向前轮制动钳(或轮缸)提供制动液。内储液室经一止回阀与外储液室相连,并经主阀与助力腔相连。

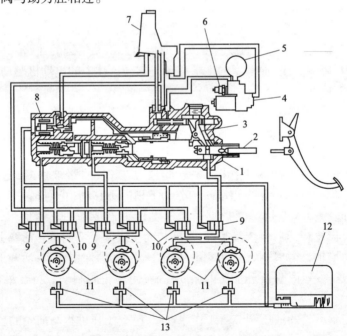

图3-35　坦孚MK-Ⅱ型ABS液压制动系统图

1-制动主缸;2-推杆;3-助力控制阀;4-液压泵;5-储能器;6-压力开关;7-储液器;8-主电磁阀;9-进液阀;

10-出液阀;11-车轮制动器;12-ABS控制单元;13-车轮转速传感器

在不踩制动踏板时,制动主缸前部的两个工作腔产生的液压分别作用于左、右前轮,两前轮的制动压力随制动主缸内压力的变化而变化。制动主缸后部的助力腔经进液阀与后轮制动轮缸相通,助力腔与储能器、助力腔与储液器之间的两个通道采用机械式助力控制阀控制,助力控制阀的工作由制动主缸推杆控制。踩下制动踏板时,推杆带动助力控制阀关闭助力腔与储液器之间的通道,而打开助力腔与储能器之间的通道,储能器内的高压制动液使用两个后轮制动;同时,进入助力腔的高压制动液作用于制动主缸活塞的后部,对制动主缸的两个工作腔起到助力作用。放松制动踏板时,推杆复位并带动助力控制阀关闭助力腔与储能器之间的通道,从而打开助力腔与储液器之间的通道,两后轮制动缸内的制动液经助力腔流回储液器。

在制动压力调节器的每个控制通道上设有两个电磁阀,一个出液阀和一个进液阀。出液阀为常闭阀,串联在储液器与制动轮缸的管路中,当 ABS 起作用需"减压"时,ABS 电脑给出液阀线圈通电,使出液阀打开,制动轮缸内的制动液经出液阀流回储液器,以减少制动压力。进液阀为常开阀,串联在制动主缸与各制动缸之间的管路中,在防抱死制动模式下,需减小或保持轮缸制动压力时,ABS 电脑给进液阀线圈通电,进液阀关闭,使来自制动主缸或储能器的高压制动液不能进入各制动轮缸。

在储能器与左、右前轮之间另设一条液压通道,此通道由主电磁阀控制。当 ABS 起作用时,若需增大前轮的制动压力,ABS 电脑给主电磁阀线圈通电,主电磁阀将通向储液器的常开阀关闭,并打开储能器与前制动轮缸的通道,使储能器的高压制动液作用于前轮。此时,左、右前轮和后轮均由储能器提供高压制动液起作用。

坦孚 MK-Ⅱ型 ABS 同样进行"加压—保压—减压"过程,这个过程不断的循环,重复过程为 15 次/s。

四、上海别克轿车 ABS

上海别克轿车采用的是通用公司新一代德尔福(Delphi)控制系统,简称 DBC7 型 ABS。该系统属于四传感器、四通道、四轮独立控制方式液压 ABS。

DBC7 型 ABS 的电子控制模块有 EBCM 和 EBTCM 两种,当系统只有防抱死制动功能时,被称作是电子制动控制模块(EBCM),若该系统同时具有牵引力控制功能时,则被称作是电子制动牵引力控制模块(EBTCM)。对于大多数 DBC7 型 ABS 均具有电子牵引力控制功能。因此,DBC7 型 ABS 的控制器主要指 EBTCM。

制动压力调节器(CBPMV)用于执行 EBTCM 发出的控制指令,其工作原理见图 3-36。制动主缸前部(前置)的出油口通过 BPMV 与左前和右后制动管路相连,后部(后置)出油口通过 BPMV 与右前和左后制动管路相连。在 BPMV 内部有以下几个用于液压控制的部件:

(1)每个车轮制动管路上有受电磁阀控制的进油口(施加)和出油口(释放)。

(2)两个储能器分别控制各自的诊断电路。

(3)一个受直流电动机控制的液压泵,用于从储压器向施加回路压回油液,向驱动轮施加牵引力控制压力。

(4)对于具有牵引力控制功能的 ABS,则每个车轮均需要一个阀。

在汽车起动时,EBTCM 接通电子制动控制继电器,向系统中所有电磁阀供电。EBTCM 依据轮速传感器输入的信息,通过保持压力、增大压力或减小压力对每个车轮进行控制。ABS 报警灯熄灭,继电器就立即闭合,向所有的电磁阀和液压泵供电。如果需要,EBTCM 可通过接地控制每个制动通道。

在 ABS 制动系统处于非工作状态时,每个通道的进口电磁阀均处于断电状态,液压控制管路开启,每个出口电磁阀也处于断电状态,如图 3-36 所示。但是,其液压控制管路闭合。

当 ABS 处于"压力保持"状态时,受 EBTCM 控制,通道进口电磁阀处于通电状态,其液压控制管路闭合,出口电磁阀仍处于断电状态,其液压控制管路也闭合。这样,可以防止制动主缸向制动管路增加压力。

在 ABS 处于"压力减小"状态时,进口电磁阀继续处于通电状态,液压控制管路继续闭合,而出口电磁阀处于通电状态,其液压控制管路开启,EBTCM 控制液压泵泵出管路中的油液,从而使制动管路压力减小。储能器开始储油,直到液压泵加速为止。

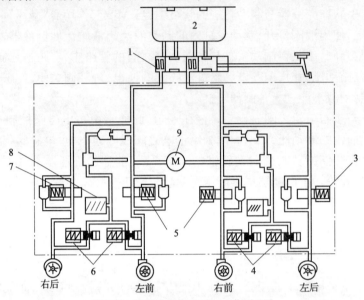

图 3-36   EBTCM/BPMV 液压工作原理图
1-制动主缸;2-储液罐;3、4、5、6、7-电磁阀;8-储能器;9-液压泵电动机

在 ABS 处于"压力增大"状态时,进口电磁阀处于断电状态,其液压控制管路开启。而出口电磁阀此时也处于断电状态,其液压控制管路闭合。因此,来自制动主缸的制动压力全部传给制动轮缸。

上述过程将不断重复、直到车轮的滑移率处于允许的范围内为止。

第四节   汽车驱动防滑系统(ASR)

汽车驱动防滑控制系统(ASR)是伴随着汽车 ABS 的产品化而发展起来的,实质上它是 ABS 基本思想在驱动领域的延伸和扩展。ASR 技术能够根据汽车行驶状态,运用数学算法和控制逻辑使汽车驱动轮在恶劣路面或复杂输入条件下充分利用地面的附着性能,以获得最大的驱动力。由于防滑控制系统能够提高汽车的牵引性、操纵性、稳定性和舒适性,减少轮胎磨损和事故风险,增加行驶安全性和驾驶轻便性,使得汽车在附着状况不好的路面上能顺利起步和行驶,并安全地制动。

一、ASR 结构组成

图 3-37 所示为 ASR 液压系统的结构示意图,整个系统由 ABS 制动执行器和 ASR 制动执行器两部分组成。当 ASR 不起作用时,所有 ASR 制动执行器的电磁阀均处于断开状态,但不影响 ABS 的正常工作。如果在汽车制动时,出现车轮抱死现象,则 ABS 起作用,通过制动主缸切断电磁阀和 ABS 执行器的三位电磁阀 13 对车轮制动压力进行调节。

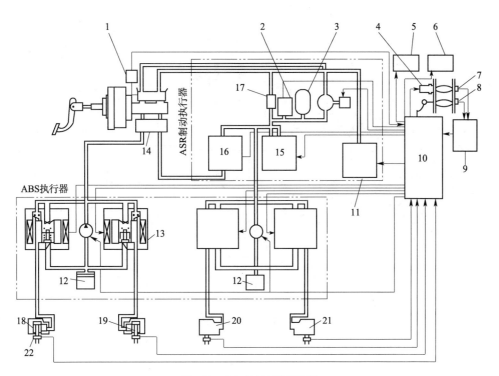

图 3-37　ASR 液压系统示意图

1-制动液液面报警开关;2-压力开关或压力传感器;3-储能器;4-副节气门执行器;5- ASR 故障指示灯;6-ASR 关闭指示灯;7-副节气门开度传感器;8-主节气门开度传感器;9-发动机与自动变速器电子控制单元;10-ABS 和 ASR ECU;11-储能器切断电磁阀;12-储液器;13-三位电磁阀;14-比例阀与旁通阀;15-储能器切断电磁阀;16-制动主缸切断电磁阀;17-安全阀;18-左前轮制动轮缸;19-右前轮制动轮缸;20-左后轮制动轮缸;21-右后轮制动轮缸;22-轮速传感器

当车轮出现滑转时,ABS 与 ASR 执行器同时起作用,ABS 执行器的三位电磁阀处于加压状态,ASR 执行器中的所有电磁阀全部接通,即制动主缸切断电磁阀接通,阀关闭,储能器切断电磁阀接通,阀处于打开状态,这样在储能器中被加压的制动液通过储能器切断电磁阀和 ABS 执行器的三位电磁阀将压力油送入制动轮缸,增大制动压力。

当需要保持车轮的制动压力时,ASR 执行器正常工作,ABS 与 ASR 电子控制单元将 ABS 执行器的三位电磁阀开关处于压力保持状态,控制储能器中高压制动液的释出,实现驱动车轮制动压力保持不变。

当需要减小驱动车轮的制动压力时,ASR 执行器正常工作,ABS 与 ASR 电子控制单元将 ABS 执行器的三位电磁阀开关处于减压状态,车轮制动轮缸中的液压通过 ABS 执行器中的三位电磁阀和储液器切断电磁阀流回制动主缸的储液器中,使制动液压降低。

如果需要对左右驱动车轮的制动压力实施不同的控制时,ABS 与 ASR 电子控制单元可以分别对各轮对应的 ABS 电磁阀实施不同的控制。

二、ASR 工作过程

对于正常制动,ASR 制动执行器的所有电磁阀均断开,此时踩下制动踏板,制动主缸中产生的制动液压通过制动主缸切断电磁阀,并通过 ABS 执行器中的三位电磁阀对车轮制动轮缸起作用。放松制动踏板时,制动液从车轮制动轮缸中流回制动主缸。这一过程如图 3-38 所示。

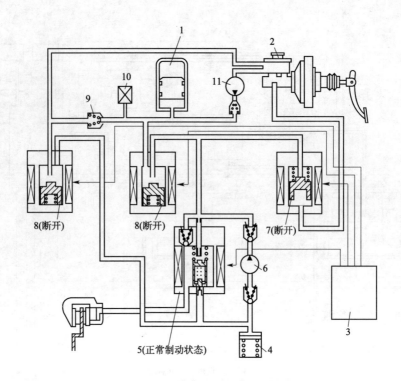

图 3-38　正常制动时的 ASR 系统工作示意图

1-储能器;2-制动主缸;3-ABS 和 ASR ECU;4-储液器;5-ABS 三位电磁阀;6-ABS 液压泵;7-制动主缸切断电磁阀;8-储能器切断电磁阀;9-安全阀;10-压力开关或压力传感器;11-ASR 液压泵

当汽车后轮在加速过程中发生滑转时,ABS 和 ASR 开始起作用,左、右后轮制动器中的制动液被分别控制为三种状态:压力升高、压力保持和压力降低。

(一)压力升高状态

当踩下制动踏板而发生后轮滑转时,电子控制单元控制 ASR 执行器中所有电磁阀接通,ABS 执行器中的三位电磁阀开关也被置于"压力升高"状态。此时,制动主缸的切断电磁阀被接通,开关处于"关"位置,而储能器电磁阀处于"开"状态。这样,储能器中被加压的制动液通过储能器切断电磁阀和 ABS 执行器的三位电磁阀,使车轮的制动轮缸起作用。无论 ASR 是否起作用,当压力开关检测到储能器的压力下降,电子控制单元就会打开 ASR 液压泵提高压力。这一过程如图 3-39 所示。

(二)压力保持状态

当后轮的制动轮缸中液压高于或低于规定值时,系统即进入"压力保持"状态,这一状态的转换通过 ABS 执行器中三位电磁阀开关来实现,防止了储能器中压力的释出,达到保持车轮制动轮缸中液压的目的。这一过程如图 3-40 所示。

(三)压力降低状态

如果需要降低后轮制动轮缸中的液压,ABS 与 ASR 中的电子控制单元将 ABS 执行器中的三位电磁阀开关置于"压力降低"状态,使车轮制动轮缸中的液压通过 ABS 执行器的三位电磁阀和储液器切断电磁阀流回到制动主缸储液器中,结果使制动液压降低,而且此时 ABS 执行器的泵电动机处在不运转状态,这一过程如图 3-41 所示。

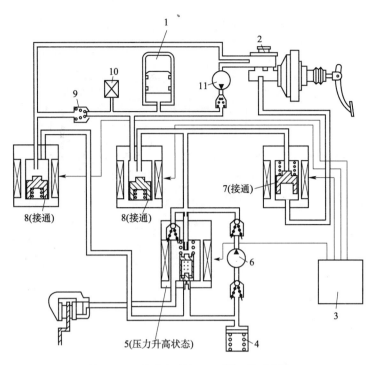

图 3-39　压力升高时的 ASR 系统工作示意图

1-储能器;2-制动主缸;3-ABS 和 ASR ECU;4-储液器;5-ABS 三位电磁阀;6-ABS 液压泵;7-制动主缸切断电磁阀;8-储能器切断电磁阀;9-安全阀;10-压力开关或压力传感器;11-ASR 液压泵

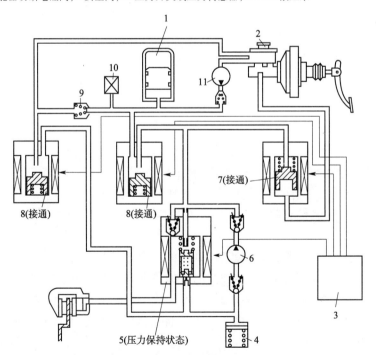

图 3-40　压力保持时的 ASR 系统工作示意图

1-储能器;2-制动主缸;3-ABS 和 ASR ECU;4-储液器;5-ABS 三位电磁阀;6-ABS 液压泵;7-制动主缸切断电磁阀;8-储能器切断电磁阀;9-安全阀;10-压力开关或压力传感器;11-ASR 液压泵

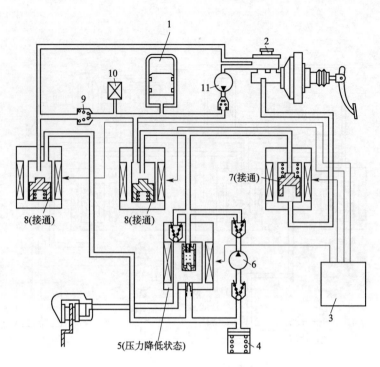

图 3-41　压力降低时的 ASR 系统工作示意图

1-储能器;2-制动主缸;3-ABS 和 ASR ECU;4-储液器;5-ABS 三位电磁阀;6-ABS 液压泵;7-制动主缸切断电磁阀;8-储能器切断电磁阀;9-安全阀;10-压力开关或压力传感器;11-ASR 液压泵

三、典型 ABS/ASR 系统

目前防滑控制系统主要应用在高档轿车上,如宝马(BMW)的顶级车 850i 上装备的 ABS/ASC + T;通用汽车公司雪弗兰分部的超级跑车"克尔维特"装备博世(BOSCH)的 ABS/ASR2U;丰田公司旗舰"雷克萨斯 LS400"上装备的 ABS/TRAC;克莱斯勒公司的超级跑车"鹰"及"远景"装备戴维斯公司的 MKⅣ型等。

(一)丰田雷克萨斯 LS400 轿车防滑控制系统

丰田雷克萨斯 LS400 轿车是丰田公司的一款顶级豪华轿车,其装备的 ABS/TRAC 防滑控制系统是一种典型的系统,具有制动防抱死和驱动防滑功能。在制动过程中采用流通调压方式对四个控制通道进行防抱死制动压力调节,在驱动过程中,通过调节节气门的开度和对驱动车轮进行制动,进行驱动防滑转控制,如图 3-42 所示。

其工作过程如下:

(1)当需要对驱动轮施加制动力矩时:TRC 的三个电磁阀都通电。

(2)当需要对驱动轮保持制动力矩时:ABS 的二个电磁阀通较小电流。

(3)当需要对驱动轮减小制动力矩时:ABS 的二个电磁阀通较大电流。

(4)当无需对驱动轮施加制动力矩时:各个电磁阀都不通电且 ECU 控制步进电机转动使副节气门保持开启。

(二)宝马 ABS/ASC + T 驱动防滑控制系统

宝马 ABS/ASC + T 驱动防滑控制系统如图 3-43 所示,主要由两个制动调压缸、两个三位三通调压电磁阀、二位二通充液电磁阀、活塞式储能器、压力开关和限压阀等组成。

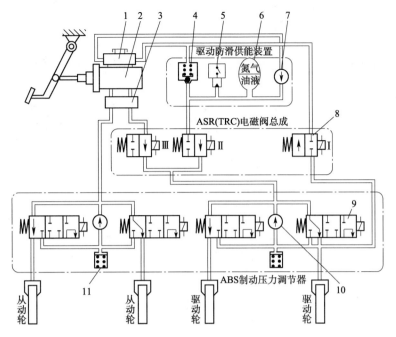

图 3-42　丰田雷克萨斯 LS400 ABS/TRAC 液压系统示意图

1-储液罐;2-制动主缸;3-比例阀;4-储液器;5-压力开关;6-储能器;7-增压泵;8-2/2 电磁阀;9-3/3 电磁阀;
10-回液泵;11-储液器

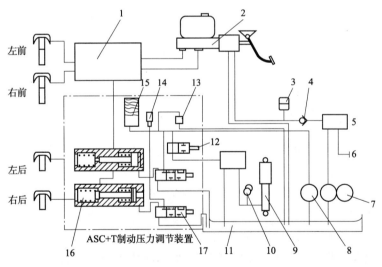

图 3-43　宝马 ABS/ASC + T 驱动防滑控制系统

1-ABS 制动压力调节装置;2-制动主缸;3-制动助力储能器;4-单向阀;5-分流器;6-动力转向器;7-叶片泵;
8-柱塞泵;9-减振器;10-调平储能器;11-储液器;12-调平控制阀;13-限压阀;14-压力开关;15-ASC + T 储
能器;16-调压缸;17-调压电磁阀

　　在防抱死制动压力调节期间,ABS/ASC + T 电子控制单元对设置在从制动主缸至 4 个
制动轮缸的制动管路中的 4 个三位三通电磁阀进行独立控制,形成四通道制动防抱死系统。
电子控制单元通过控制每个三位三通电磁阀电磁线圈中的通过电流,对三位三通电磁阀的
状态进行控制,实现制动压力减小—保持—增大的循环调节。电动双联回液泵由电子控制
单元控制,在防抱死制动过程中将自前后制动轮缸流入两个储液器的制动液泵入相应的储
能器中。

(三)坦孚 MK IV型防滑控制系统

坦孚 MK IV型防滑控制系统具有制动防抱死和驱动防滑转控制功能,简称为 ABS/TRAC。坦孚 MK IV装备于克莱斯勒公司、福特公司和通用汽车公司生产的多种轿车上。

坦孚 MK IV主要由主继电器、轮速传感器、电子制动控制单元、制动压力调节装置、TRAC 开关、制动开关、液位开关、制动踏板行程传感器、电动液压泵继电器等组成,如图3-44 所示。

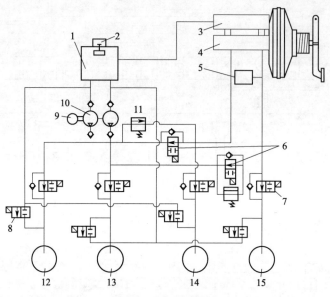

图 3-44 制动液压系统

1-储液器;2-液位开关;3-储液室;4-制动主缸;5-压力开关;6-隔离电磁阀;7-进液电磁阀(常开);8-出液电磁阀(常闭);9-电动机;10-柱塞泵;11-限压阀;12-左前制动器;13-右前制动器;14-右后制动器;15-左后制动器

在未进行制动防抱死和驱动防滑转制动压力调节时,制动压力调节装置中的各个二位二通电磁阀均不通电,所有进液电磁阀也都处于开启状态,所有出液电磁阀也都处于关断状态;同时,电动液压泵也不通电。此时踩下制动踏板进行制动时,自制动主缸输入的制动液就会通过隔离电磁阀和进液电磁阀进入各制动轮缸和制动钳,制动轮缸和制动钳中的制动压力将随制动主缸的输出压力变化而变化。

当电子制动单元根据各种输入信号判定需要进行制动防抱死液压调节时,系统进入制动压力调节过程。电子控制单元根据4个轮速传感器反馈的车轮转速信号,独立地对4个制动轮缸的制动压力进行减小、保持和增大调节,保证4个车轮都不发生制动抱死。

当电子控制单元判定需要减小某一制动轮缸的制动压力时,电子控制单元将使该制动轮缸的进液电磁阀和出液电磁阀都通电,使进液电磁阀处于关断状态,出液电磁阀处于开启状态,制动轮缸中的部分制动液就会经出液电磁阀流入储液器中,该制动轮缸中的制动压力随之减小。

当电子控制单元判定需要保持某一制动轮缸的制动压力时,电子控制单元将使该制动轮缸的对应的进液电磁阀通电处于关断状态,而使该制动轮缸的对应的出液电磁阀断电也处于关断状态,制动轮缸中的制动液被封闭,使制动轮缸中的压力保持一定。

当电子控制单元判定需要增大某一制动轮缸的制动压力时,电子控制单元将使该制动轮缸对应的进液电磁阀和出液电磁阀均断电,进液电磁阀处于开启状态,出液电磁阀处于关断状态,制动主缸输出的制动液就会经进液电磁阀进入该制动轮缸,制动轮缸的制动压力随之增大。

在踩下制动踏板进行制动的过程中,电子控制单元使两个隔离电磁阀始终不通电,都处于开启状态。在踩下制动踏板进行制动的过程中,当制动踏板的行程达到一定时,电子控制单元就使电动液压泵继电器处于通电状态,向电动机供给蓄电池电压,使电动机驱动柱塞泵运转,将制动液自储液器泵入制动主缸,直到制动踏板抬升到正常的高度后,电子控制单元才使电动液压泵继电器处于断电状态,使电动液压泵断电停转。由于在制动过程中,制动踏板始终保持有一定的剩余行程,使制动主缸保持提供补偿防抱死制动过程中制动压力消耗的能力。

第四章　汽车液压悬架系统

第一节　基本元件及结构组成

目前在汽车上普遍采用的仍多为被动悬架,也称为机械式悬架,如图4-1所示。被动悬

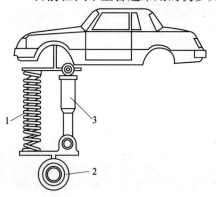

图4-1　被动悬架
1-螺旋弹簧;2-轮胎;3-液压减振器

架概念是在1934年由Olley提出的,它通常是指结构上只包括弹簧和阻尼器(减振器)的系统。传统被动悬架虽然结构简单、造价低廉且不消耗外部能源,但因为其参数固定,所以具有较大的局限性。主要表现在悬架参数固定,不能随路况改变,只能针对某种特定工况进行参数优化设计;而且悬架元件仅对局部的相对运动做出响应,限制了悬架参数的取值范围。

机械装置的基本规律指出:良好的行驶性能和良好的操纵性能在使用定刚度弹簧和定阻尼减振器的传统悬架系统中不能同时满足。例如:为了提高汽车行驶平顺性,要求弹簧的刚度比较小,以满足汽车行驶在

不平路面上时车轮有较大的运动空间,其结果必将导致汽车在行驶过程中由于路面的颠簸而使车身位移增大,使汽车的操纵稳定性变得差;反之,为了提高汽车的操纵稳定性,要求较大的弹簧刚度和较大的减振器阻尼力,以限制车身过大的运动(如汽车转弯行驶时车身的倾斜、紧急制动时的点头和加速行驶时的后蹲现象),但这时即使汽车行驶在最光滑、最平坦的良好路面上,也会使汽车车身产生颠簸,从而影响汽车的行驶平顺性。

汽车行驶的平顺性和操纵稳定性是衡量悬架性能好坏的主要指标。所以理想的悬架应在不同的使用条件下具有不同的弹簧刚度和减振器阻尼,这样既能满足行驶平顺性要求又能满足操纵稳定性要求。但实际的设计只能根据某种路面附着情况和车速,兼顾各方面的要求,优化选定一种刚度和阻尼系数。这种刚度和阻尼系数一定的悬架只能被动地承受地面对车身的冲击,而绝对不能主动地控制这些作用力。

随着电子技术、传感器技术的飞速发展,以电子计算机为代表的电子设备因性能的大幅度改善和可靠性的进一步提高,使电子控制技术被有效地应用于包括悬架系统在内的汽车的各个部分。现代汽车中采用的电子悬架控制系统,克服了传统的机械悬架系统对其性能改善的限制,该系统可根据不同的路面附着条件、不同的装载质量、不同的行驶车速等来控制悬架系统的刚度,调节减振器阻尼力的大小,甚至可以调节汽车车身的高度,从而使汽车平顺性和稳定性在各种行驶条件下都能达到最佳的组合。

自 20 世纪 60 年代以来,开始研究采用液压伺服机构作为主动力发生器的主动悬架,他由传感器测量汽车运动状态信号并输入电子控制单元(ECU),电子控制单元(ECU)经过分析和判断对主动力发生器发出指令,使主动力发生器产生主动控制力信号,从而满足不同工况对悬架系统特性参数变化的要求。从 20 世纪 70 年代开始推出半主动悬架,它通过控制阀调节弹簧刚度和减振器阻尼力,能耗很小,结构也比主动悬架简单。自 20 世纪 90 年代以来,可以进行悬架和阻尼力有级调节以及车身高度调节的半主动悬架在高档轿车上的应用范围不断扩大,阻尼力调节能在 10 ~ 12ms 内反映出道路状况和汽车行驶状态,进入 21 世纪这个反应时间已能进一步缩短,逐步做到实时动态调节。

根据有无动力源,可以将电子控制悬架分为两大类:主动悬架和半主动悬架。

(一)主动悬架

主动悬架的思想诞生于 1955 年,由通用汽车公司的 Federspiel-Labrosse 提出并最先应用到雪铁龙 2CV 车型上。1965 年,Rockwell 和 Kimica 探讨了伺服机构作为主动力吸振器的原理,为车辆主动悬架系统的设计提供了理论指导。设计主动悬架正是为了避免被动悬架中的一些矛盾原则,它利用一个可控的具有调节参数和信号处理能力的元件,代替传统悬架元件,从而达到改善汽车行驶安全性和平顺性的目的。如图 4-2 所示,主动悬架通常包括传感器、控制器和执行机构三部分,并由它们与汽车组成闭环控制系统。其中,控制器是整个系统的信息处理和管理中心,它接收着各个传感器的信号,依据特定的数据处理方法和控制规律决定并控制执行机构的动作,从而达到改变车身运动状态以及满足隔振、减振要求的目的。在整个悬架控制中,控制算法(包括状态估计、模型辨识和控制规律)是决定主动悬架系统控制质量的关键性因素。

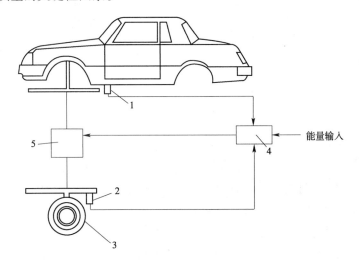

图 4-2　主动悬架
1-加速度传感器;2-加速度传感器;3-轮胎;4-ECU;5-电液伺服液压缸

主动悬架的执行结构通常由能够产生具有一定频率宽度的力或力矩的作动器及相应的外加动力源构成。当汽车载荷、行驶速度、路面附着系数状况等行驶条件发生变化时,主动悬架能够自动调整悬架系统的刚度和阻尼系数(包括整体和单轮调整),从而能够同时满足汽车行驶平顺性和操纵稳定性等各个方面的性能要求。此外,主动悬架还可以根据车速的变化控制车身的高度。

主动悬架系统目前常见的实现形式有两种:一种是当前使用较多,通常称为并联式主动悬架,它是在被动悬架的基础上再增加一个驱动器,由于只需在被动悬架的基础上补充部分能量,因而消耗的能量小。当主动悬架出现故障时,并联式主动悬架仍能按被动悬架方式工作。另一种是独立式主动悬架,这种主动悬架是悬置质量和非悬置质量之间完全由作动器连接,并由作动器吸收和补充全部能量,其机械结构简单,但消耗的能量多。当主动悬架出现故障时,独立式主动悬架无法正常工作。

(二)半主动悬架

半主动悬架的概念出现得较晚,于 1973 年由 D. A. Crosby 和 D. C. Karnopp 首次提出。半主动悬架旨在以接近被动悬架的造价和复杂程度来提供接近主动悬架的性能。如图 4-3 所示,半主动悬架的结构与主动悬架类似,它利用弹性元件和阻尼器并列支撑悬架质量,不同之处是半主动悬架中可控阻尼器代替了主动悬架的主动力作动器。一般地,由于汽车悬架弹性元件需要承载车身的静载荷,因而在半主动悬架中实施刚度控制比阻尼控制困难得多。因此,对半主动悬架的研究目前大多数都只限于阻尼控制问题,利用合适的控制规律,半主动悬架可提供介于主动悬架和被动悬架之间的性能。半主动悬架除了需要少量能量驱动电磁阀外,并不需要外加动力源,是性能提高和设计简单的折中,因此,汽车在转向、起动、制动等工况时,不能对悬架刚度和阻尼系数进行有效的控制。

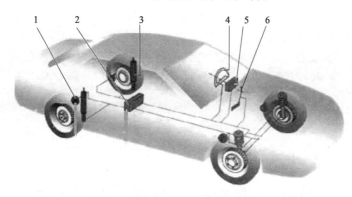

图 4-3　实时闭环控制的半主动悬架

1-位置传感器;2-控制器;3-连续变化实时阻尼器;4-转向角度;5-汽车速度;6-制动开关

根据阻尼系数是连续可调还是离散可调,半主动悬架又可分为连续可控式和分级可控式,它们的区别是连续可控式半主动悬架中的阻尼系数在一定变化范围内可以连续调节,而分级可控式中半主动悬架只有几种阻尼系数可供选择切换。

电子控制悬架系统按悬架系统结构形式分,可分为电控空气悬架系统、电控油气悬架系统、电控液压悬架系统、电磁悬架系统等。在此主要介绍电控液压悬架系统的组成和工作原理,另外也会简要介绍空气悬架系统和油气悬架系统中的液压部分。

根据悬架调节方式的不同,可以将悬架分为分级调整式悬架和无极调整式悬架。

(1)分级调整式悬架。分级调整式悬架将通常悬架的阻尼和刚度分为几级,根据汽车负荷和行驶工况的变化,由驾驶员手动选择,或者电子控制单元(ECU)根据各传感器的信号自动选择。

(2)无级调整式悬架。无级调整式悬架系统的阻尼和刚度从最小到最大可实现连续调整。

第二节　液压减振器

　　悬架是车架与车桥(或车轮)之间的所有传力连接装置的总称,主要由弹性元件、导向装置及减振器三个基本部分组成。

　　悬架弹簧影响车辆行驶的安全性和乘坐舒适性,具有极佳的能量吸收或释放性能,但在无阻尼的情况下,汽车弹簧将以不可控制的速率弹开并释放它所吸收的振动能量。因此,为了满足车辆的行驶安全性、乘坐舒适性和操纵稳定性,车辆悬架一般都安装一个重要的阻尼元件,即悬架减振器,并且使其阻尼特性与弹性元件特性相匹配。

图 4-4　减振器实物图

　　本文着重介绍液压式减振器,如图 4-4 所示。

一、液压减振器发展状况

　　液压筒式减振器是汽车上应用最广泛的减振器,初期是采用摇臂式液阻减振器。第二次世界大战期间美军吉普车上采用了筒式液阻减振器并在战场上获得成功,此后筒式液阻减振器很快成为主流产品。其具有工艺简单、成本低、寿命长、质量小等优点,主要零件采用了冲压、粉末冶金及精密拉管等高效工艺,适于大批量生产。

　　节流阀结构和特性对减振器特性有决定性影响。目前,筒式减振器的阀结构多采用弹性阀片式。弹性阀片式节流阀的突出优点是易于通过增减阀片数量和垫片等措施来改变阀的节流特性。缺点是加工精度要求较高;使用过程中当阀片与阀座间存在杂质颗粒导致阀片关闭不严时,会造成减振器阻尼力的显著下降。现代轿车大多数减振器都采用这类节流阀。

二、液压减振器的分类

　　液压减振器可根据液压缸筒的个数、作用行程以及是否充气和阻尼可调等进行分类,也可以安装节流阀系统的组件结构进行分类。

　　(1)根据液压缸筒个数,可分为单缸减振器和双缸减振器。

　　(2)根据作用行程,可分为单作用减振器和双作用减振器。

　　(3)根据是否充气,可分为充气减振器和非充气减振器。

　　双筒式减振器工艺简单、成本低,但是双筒式减振器由于在复原行程过程中,油液是依靠自身重力和压缩室的负压,有补偿阀流入压缩室。因此在高速行驶的情况下,会出现补偿室内压缩室补油不及时的问题,从而导致减振器工作特性发生畸变,不但影响减振器特性,还会影响减振效果,减振器产生冲击和噪声。为了改善双筒减振器复原行程的补油不及时的问题,在 20 世纪 50 年代,发展了充气减振器技术,即在双筒减振器的补偿室内冲入低压气体(0.4~0.6MPa 的氮气),以提高补偿室的补油能力和临界工作速度,但是充气式减振器的制造精度要求高,成本高,推广应用受到限制。

　　(4)根据是否阻尼可调,可分为可调阻尼减振器和不可调阻尼减振器。

　　在被动悬架中,大都是采用非阻尼可调式减振器;在半主动悬架系统中,如果采用液压筒式减振器,则大都是采用阻尼可调式,其中大都是通过改变减振器节流孔面积的方法,对减振器阻尼进行调节。目前,由于汽车悬架大都是被动悬架,因此,非阻尼可调式液压筒式减振器应用比较广泛。

(5)根据节流阀组件结构,可分为弹簧板阀式、弹簧滑阀式、弹簧阀片式和弹簧阀片组合式减振器。

其中,弹簧板阀式液压减振器由于板阀较小开度就会形成较大的流通面积,因此,导致减振器阻力—速度特性较软的非线性特性;弹簧滑阀式减振器由于滑阀与导向座之间存在有一定的摩擦,因此很容易导致阀运动不连续或响应滞后的现象;弹性阀片式液压减振器,可采用不同的增加叠加节流阀片的片数或改变叠加阀片的厚度,以及采用不同直径大小的调整垫圈等措施,改变减振器阻尼特性,且具有很好的非线性特性;弹簧阀片组合式即在弹性阀片式节流阀的基础上,再增加一定刚度和预紧力的弹簧,以满足减振器对特殊阻尼特性的要求。目前,在汽车上应用最多的是双筒式弹性阀片式液压减振器。

三、液压双筒式减振器的结构

液压双筒式减振器有活塞缸和补偿室两部分,如图4-5所示。活塞缸内有带杆的活塞总成,如图4-6所示。活塞缸的上端安装活塞杆导向座及密封装置,而活塞缸的下端有底阀总成,如图4-7所示。活塞上有常通孔及复原阀和流通阀,与底阀的常通孔及补偿阀和压缩阀配合,控制工作压力及各方向的流量,并使活塞缸内不产生气泡,避免活塞换向时出现"空程"。补偿室内上部是空气,下部是工作液。下部工作液通过底阀与减振器内缸筒连通,在活塞杆上下运动或由于温度变化而使内缸筒内的工作液体积发生变化时,接受或补偿需要调节的工作液。补偿室上端常与导向座出口连通,使活塞杆的油封处于低压状态,结构如图4-5所示。活塞总成如图4-6所示,底阀总成如图4-7所示。

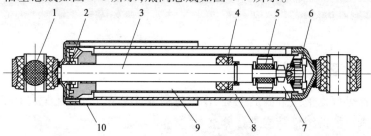

图4-5　液压减振器总体结构

1-橡胶衬套;2-导向器油封总成;3-活塞杆总成;4-限位块总成;5-活塞阀总成;6-底阀总成;7-压缩腔(下腔);
8-储油腔;9-复原腔(上腔);10-金属垫盖

四、液压筒式减振器的工作原理

筒式液压减振器有4个阀,分别是复原阀、压缩阀、补偿阀和流通阀,其工作原理,分为复原和压缩两个行程进行介绍。

(一)复原行程

减振器处于复原行程(图4-8)时,复原阀和补偿阀工作,活塞缸筒上腔的油液经过复原阀流入下腔,而储油腔的一部分油液经过补偿阀流入下腔,油液经过复原阀和补偿阀产生复原节流压力。当减振器运动速度低于复原行程开发速度时,复原阀不开阀,油液仅流经常通节流孔而产生节流压力;当减振器速度大于复原行程开阀速度时,复原阀开阀,油液流经常通节流孔及节流阀片变形所形成的节流缝隙,产生节流压力。

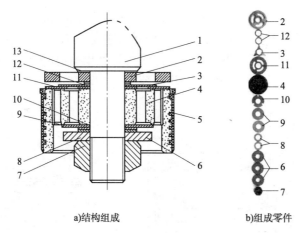

a)结构组成   b)组成零件

图4-6   活塞总成

1-活塞杆;2-流通阀限位座;3-调整阀片;4-活塞;5-活塞衬套;6-垫圈;7-螺母;8、12、13-垫片;9-复原阀阀片;
10-阀片(有常通孔);11-流通阀阀片

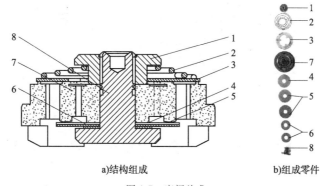

a)结构组成   b)组成零件

图4-7   底阀总成

1-螺母;2-弹簧;3-补偿阀阀片;4-阀片(有常通孔);5-压缩阀阀片;6-垫片;7-底阀座;8-螺栓

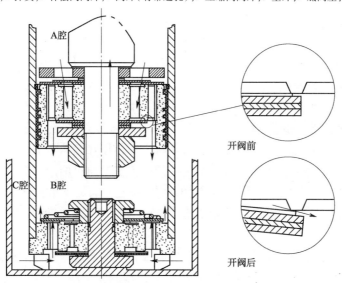

图4-8   复原行程中油液的流通路径

(二)压缩行程

减振器处于压缩行程(图4-9)时,压缩阀和流通阀工作。下腔中的一部分油液经过流通阀流入上腔,而另一部分油液则经过压缩阀流入储油腔,油液经过压缩阀和流通阀产生压缩节流压力。当减振器运动速度低于压缩行程开阀速度时,压缩阀不开阀,油液仅流经常通节流孔而产生节流压力;当减振器速度大于压缩行程速度时,压缩阀开阀,油液流经常通节流孔及节流阀片变形所形成的节流缝隙,产生节流压力。

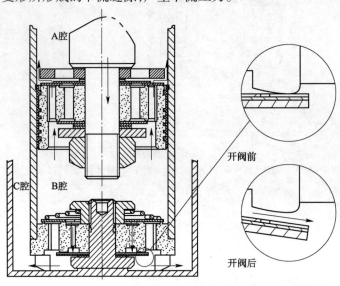

图 4-9　压缩行程中油液的流通路径

第三节　液压悬架系统基本工作原理

一、汽车电控悬架的工作原理

传统悬架的弹簧和减振器都被电控主动悬架的驱动器所取代,所以主动悬架中不存在传统的弹簧和减振器。概括起来,主动悬架系统具有以下几个主要的功能和特点:

(1)增强汽车行驶的行驶平顺性和乘坐的舒适性。主动悬架能够有效地抵抗因地面不平而造成对汽车车身的垂直振动,因此它能够极大地改善汽车在不平路面上的行驶平顺性和乘坐舒适性;在汽车拐弯时,能自动提高车身抗侧倾的能力。

(2)改进轮胎和路面的接触以及轮胎的动载荷。通过对主动悬架控制的优化设计,轮胎和路面的接触(附着)条件可以得到优化,并减少了作用在轮胎上的动载荷。

(3)改善汽车的操纵稳定性。操纵稳定性的改善主要通过两个方面实现。

①悬架的设计可以在不牺牲乘坐舒适性的同时,充分满足汽车操纵稳定性的要求。

②在不平路面上轮胎和路面的附着条件也得到改善,从而使汽车的动态特性得到改善。

(4)改进汽车的行驶安全性。汽车安全性的改善主要通过三个方面得到实现:

①汽车操纵稳定性的改善显然大大地增强了汽车的安全性。

②轮胎和路面的附着条件也使汽车不容易失控。

③通过对主动悬架的控制可以控制各个轮胎的动态载荷的分配和侧偏角,直接控制汽车操纵稳定性的过度转向和不足转向。

图中标注:A腔、C腔、B腔、开阀前、开阀后

（5）有助于解决在悬架设计中操纵稳定性要求和平顺舒适性要求之间的存在的矛盾。通过对主动悬架的控制,悬架的等效刚度和阻尼系数可以实时、连续地变化,同时满足在不同工况下操纵稳定性和平顺舒适性的要求。

（6）有助于解决在悬架设计中重载和轻载要求之间存在的矛盾,尤其是对于载荷变化较大的 SUV 和轻型货车,传统的悬架设计无法同时满足在不同载荷条件下稳定性和舒适性的要求。

电子控制液压悬架系统由动力源、压力控制阀、液压悬架缸、传感器、ECU 等组成。图 4-10 所示为电控液压悬架系统工作原理。作为动力源的液压泵产生压力油供给各车轮的液压悬架缸,使其独立工作。当汽车转向发生倾斜时,汽车外侧车轮液压缸的油压降低,油压信号被送至 ECU,ECU 根据此信号来控制车身的倾斜。由于在车身上分别装有上下、前后、左右、车身等高精度的加速度传感器,这些传感器信号送入 ECU 并经分析后,对油压进行调节,可使转弯时的倾斜最小。同理在汽车紧急制动、急加速或在恶劣路面上行驶时,液压控制系统对相应液压缸的油压进行控制,使车身的姿态变化最小。液压控制系统油路如图 4-11 所示。

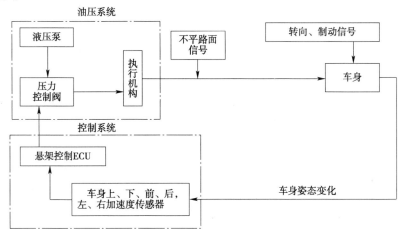

图 4-10　电控液压悬架系统工作原理

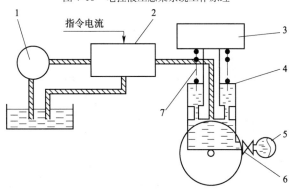

图 4-11　电控液压悬架系统液压控制油路

1-液压泵;2-调压阀;3-车身;4-液压缸;5-缓冲腔;6-衰减阀;7-螺旋弹簧

二、车高控制系统

车高控制系统是在被动悬架的基础上加装水平高度调节机构形成的。它能够根据车身负载的变化自行调节,使车身高度不随乘员和载货的变化而变化,保证悬架始终都有合适的工作行程。

车高控制系统的执行机构通常由空气或油气弹簧组成,因而高度调整机构一般分为空压式与液压式两类。液压式又分为千斤顶式和液压气动式,可与普通弹簧并联使用。图 4-12 所示为液压千斤顶式高度调节机构示意图,控制系统根据车高选择开关及车速等信号调节车身高度。

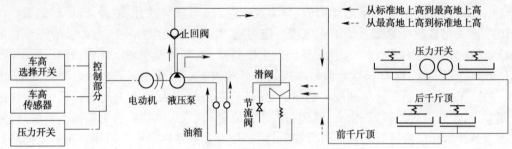

图 4-12 液压千斤顶式车身高度调节机构示意图

液压千斤顶式车身高度调节结构工作过程如图 4-13、图 4-14 所示。

在通过坑洼路面或车辆需要涉水等情况时,对于可调节车身高度的悬架系统来说,一般情况需要抬升车身高度,如图 4-13 所示。车高选择开关选择车身升高,电动机 1 正转,液压泵 11 开始工作。压力油经止回阀 4 被吸入液压泵,再由液压泵将其加压为高压油,通过止回阀 2 泵到前后悬架的液压举升缸,形成类似于千斤顶式的抬举,车身高度上升。

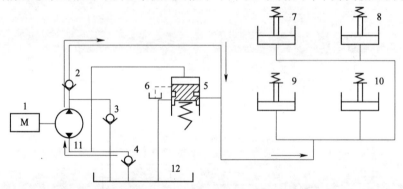

图 4-13 液压千斤顶式车身高度调节机构车高上升调节过程

1-电动机;2、3、4-止回阀;5-滑阀;6-节流阀;7、8、9、10-举升缸;11-液压泵;12-油箱

在通过坑洼路面或车辆需要涉水等情况后,进入正常道路行驶时,需要将车身恢复到标准高度,此时需要降低车身高度,如图 4-14 所示。车高选择开关选择车身下降,电动机 1 反转,泵油方向变化,泵出的高压油将滑阀 5(泄油阀)打开,液压举升缸中的高压油卸荷,车高下降。

液压气动机械控制式车身高度调节机构,如图 4-15 所示。从液压泵输出的液压油经压力调节器存储于主储液筒中,通过调节阀将压力油供给油缸,进行车身高度调整。液压气动机械控制式车身高度调节机构可以根据需要完成前桥、后桥的单独调节或整体调节。

液压式车高控制系统流程如图 4-16 所示。无论是液压式还是液压气动机械控制式,都是由 ECU 根据车高选择开关、车高传感器和压力开关信号来判断并控制车身高度变化。

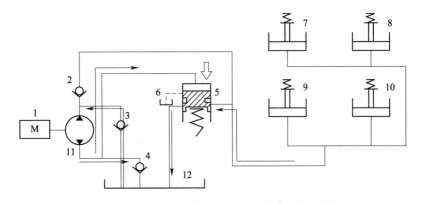

图 4-14　液压千斤顶式车身高度调节机构车高下降调节过程

1-电动机;2、3、4-止回阀;5-滑阀;6-节流阀;7、8、9、10-举升缸;11-液压泵;12-油箱

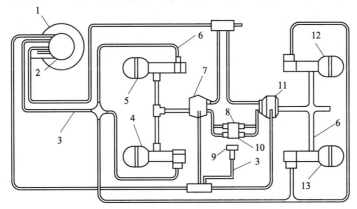

图 4-15　液压气动机械控制式车身高度调节机构

1-油箱;2-液压泵;3-管路;4、5、12、13-带气体弹簧的油缸;6-漏液回收回路;7-高度调节阀(前桥);8-前桥制动阀;9-优先控制阀;10-后桥制动阀;11-高度调节阀(后桥)

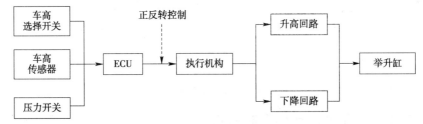

图 4-16　液压式车高控制系统流程图

　　由于车高控制系统的主要特点是车在变化不影响悬架工作行程,它对车辆性能改进的潜力是与车载变化范围成正比的。在 ECU 控制下保持在所选模式的经常状态高度,当车速高或路面差时 ECU 根据具体情况控制高度调节。因此,这种悬架通常用于一些车载变化较大的重型货车和大型客车,也有些用于高级豪华轿车。

三、自适应悬架系统

　　自适应悬架的刚度和阻尼特性可根据车辆的行驶条件进行自适应调节。当汽车在正常路面行驶时,悬架的刚度和阻尼应设置得较低,以保证乘坐舒适性。在急转弯、快速起动及紧急制动时,提高阻尼可减少车身姿态变化。在凹凸不平及坏路面行驶时,提高阻尼力能快速吸收车身的振动,并降低轮胎接地点的变化,减少轮胎动载荷。

手动调节阻尼的悬架一般由驾驶员在仪表板上的"舒适"或"运动"两挡之间调整,也有的车辆根据行驶速度自动控制,低速时"软",高度时"硬"等。

该系统采用了一个两级阻尼可调式自适应悬架。低阻尼用于车辆正常行驶工况,高阻尼用于车辆转弯、加速或制动工况。具体控制内容为:侧倾控制,即转向角或转向速度一定时,提高阻尼力,以降低侧倾速度;抗点头控制,即通过制动油压或制动信号灯监测信号控制,当制动灯开关处于"ON"状态时,系统切换至高阻尼状态;振动控制,即道路状况由加速信号及车身相对高度信号识别,或用超声波传感器直接测量路面的状况,系统设置在低阻尼状态,以减少车身与车轴的振动,提高乘坐舒适性和轮胎接地性。

Citroen XM 采用的液力主动控制自适应悬架系统如图 4-17 所示。根据加速、减速信号,转向盘转角或悬架运动、车速等信号是悬架变为高阻尼状态,阻尼由低到高的切换过程通常需几分之一秒。当恢复正常行驶时,将系统再切换回软设置。当系统由硬设置切换到软设置时,通常需要一定时间的滞后。高速行驶时,车高下降 15mm,以增加稳定性;坏路面行驶时,车高上升 15mm,以提高舒适性。在正常行驶条件下的低阻尼设置时,中心控制阀打开,允许液体流入三个油气弹簧。此时液体可横穿车辆,这样除了液体在管路内由于塑性黏滞而产生的反作用力外,系统几乎无侧倾刚度。在坏路面或车辆转弯、制动时的高阻尼设置情况下,控制系统的中心阀关闭,这时每一悬架单元以传统的被动悬架形式单独作用。

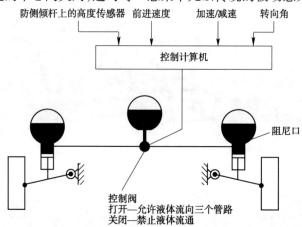

图 4-17　Citroen XM 采用的液力主动控制自适应悬架系统

四、汽车主动悬架液压比例控制系统

目前采用液压作动器的悬架系统中所用控制阀大部分为伺服阀。仅有少部分为高速开关阀。伺服悬架系统动态特性虽好,但造价昂贵;高速开关阀可降低整套悬架系统的造价,但其动态特性较差,可控频率在 2Hz 以下。鉴于伺服系统维护技术难度较大以及制造成本又高的原因,工业领域中的许多用户提出来要用较为廉价的比例元件替代电液伺服元件。与此同时,电液比例技术的迅速发展以及比例元件性能的不断提高也为满足上述要求提供了可靠的技术保证。

(一)比例悬架系统原理

比例悬架就是在被动悬架系统的基础上加装一个可以产生作用力的动力装置。其自由度模型如图 4-18 所示。动力装置有液压油源、液压缸和电液比例阀组成。

系统作用过程是,路面有不平度输入 Z_0 经轮胎 K_1 传递到非簧载质量 M_1,然后再由 M_1

经悬架刚度 K_2 与悬架阻尼 C_S 传递到簧载质量 M_2，使簧载质量 M_2 产生加速度；此时，液压主动悬架控制系统通过加速度传感器测得其加速度信号，再经电荷放大器将所得电信号放大以使其与控制器的输入电信号幅值（电压或电流）相匹配；最后，由控制器对所测得的电信号按照事先设计好的控制规律进行处理。得到的对应输出控制量传给比例阀，比例阀输出相应的流量来控制液压缸，使其做出相应的动作以改变簧载质量的加速度，从而让加速度在期望的范围内波动。理论上，这一动力装置产生的作用力可根据需要在极短的时间内由零变化到无穷大。但作用力越大、速度变化越快，需要液压系统的工作压力就越高，系统消耗的能量也就越大。

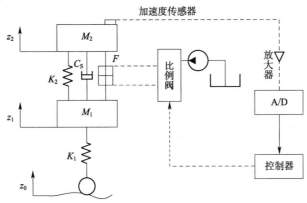

图 4-18 汽车主动悬架比例系统模型

M_1-非簧载质量；M_2-弹簧质量；K_1-轮胎刚度；K_2-悬架弹簧刚度；C_S-悬架阻尼系数；F-作用力；z_0-路面激励位移；z_1-非簧载质量位移；z_2-簧载质量位移

（二）系统参数

以某型桑塔纳轿车主动悬架（图 4-18）为例，其结构参数为：$M_1 = 49\text{kg}$、$M_2 = 300\text{kg}$、$K_2 = 20000\text{N/m}$、$K_1 = 17000\text{N/m}$、$C_S = 1317\text{N}\cdot\text{s/m}$。

技术参数是：执行器频宽 $\omega_c = 15 \sim 20\text{Hz}$，行程 $H = \pm10\text{cm}$，活塞杆最大随动速度 $\upsilon_{max} \geq 0.4\text{m/s}$；设定双活塞杆液压缸输出的最大作用力为 6000N、液压缸的最大伸出速度为 $\upsilon_{max} \geq 0.5\text{m/s}$、液压缸有效行程 $L = 20\text{cm}$、液压缸内径为 40mm、活塞杆直径为 22mm、液压缸内泄漏系数 $C_L \approx 0$、有效体积弹性系数 $E = 700\text{MPa} = 7 \times 10^8\text{Pa}$。

（1）计算液压缸工作面积：

$$A = \frac{3.14 \times (0.04^2 - 0.022^2)}{4} = 8.76 \times 10^{-4}\text{m}^2$$

（2）负载工作压力：

$$P_L = \frac{6000}{A} = \frac{6000}{8.76 \times 10^{-4}} = 6.84\text{MPa}$$

（3）系统所需流量：

$$q_{max} = V_{max}A = 0.6 \times 8.76 \times 10^{-4} \times 103 \times 60 = 31.53\text{L/min}$$

（4）考虑系统流量损耗，设定系统流量为 40L/min，则液压缸工作容积：

$$V_t = A \cdot L = 8.76 \times 10^{-4} \times 20 \times 10^{-2} = 1.75 \times 10^{-4}\text{m}^3$$

（5）液压缸—负载固有频率：

$$f_0 = \frac{1}{2\pi}\sqrt{\frac{4EA}{M_2L}} = \frac{1}{2\pi}\sqrt{\frac{4 \times 7 \times 10^8 \times 8.76 \times 10^{-4}}{236 \times 20 \times 10^{-2}}} = 36.3\text{Hz}$$

$$\omega_0 = 2\pi f_0 = 2\pi \times 36.3 = 228\text{rad/s}$$

工程设计实践证明$f_0 < 4\text{Hz}$只适合于静态系统。$f_0 > 30\text{Hz}$时,动态特性较好,因此可见液压缸尺寸合适。

(三)液压系统各元件

1. 油源

负载工作压力约为7MPa。考虑到系统压力损失及摩擦力的存在,且液压阀工作在较大压差下,因此将泵站油源的供油压力设为9MPa。

2. 传感器

测量系统加速度传感器,用于测量簧载质量的加速度。根据控制工程经验,检测元件的精度必须高于控制系统控制精度的4倍以上,其响应速度则为系统频宽的8~10倍以上。

3. 比例阀

本系统不仅要求控制方向,而且要求控制流量,并且动态性能要求较高,所以选用博世高性能比例方向控制阀,型号为0811404036。该阀额定流量$Q_w = 40\text{L/min}$、最大输入电流2.7A、配套放大器输入信号$U = 0 \sim \pm 10\text{V}$、滞环≤0.2%、重复误差≤0.1%、温漂≤1%。

五、基于模糊控制与电动静液压作动器的汽车主动悬架

悬架,作为汽车的一个组成部分,隔离来自路面的冲击以保持乘坐舒适性,同时控制车体的姿态以保持汽车安全、稳定行驶。传统被动悬架是有局限性的,因为它的部件只能存储或消耗能量,这不能满足不同路面情况下的汽车舒适性和操稳性要求。主动悬架采用液压或气压作动器产生控制力。

主动悬架要求将传感器安装在汽车的不同点来测量车身、悬架系统或非悬架质量的运动状态,然后将传感到的信息输入到控制器,由控制器产生指令使作动器形成精确地控制力。

一种基于电动静液压作动器(Eletro Hydrostatic Actuator,简称EHA)技术的汽车主动悬架结构已被开发。电动静液压作动器EHA由伺服控制的电动机、活塞泵以及两条管路组成。

基于EHA的汽车主动悬架基本结构,如图4-19所示。

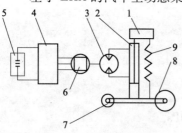

图4-19 基于EHA的汽车主动悬架

1-车架;2-液压缸;3-液压马达;4-控制器;5-蓄电池;6-直流电动机;7-车轮;8-车桥;9-弹簧

系统主要包括弹簧9和阻尼力可变的阻尼器两部分,其中阻尼器由液压缸2、液压马达3、控制器4、直流电动机6组成。具体连接关系,平行安装的液压缸2和弹簧9分别与车架1、车桥8垂直相连,液压缸2再与液压马达3通过液压管路连接,液压马达3后通过联轴器连接直流电动机6,直流电动机6连接蓄电池5,在直流电动机6和蓄电池5之间安装控制器4。

采用EHA的汽车悬架系统不采用液压阀件,结构简单,成本低,工作范围宽。

有两种类型的EHA作动系统。一种EHA系统是泵的排量是可变的,电动机转速是不变的;另一种EHA系统是泵的排量是恒定的,电动机转速是不变的。

通过调整直流电动机转速和方向,从而控制液压缸的阻尼力,实现主动悬架功能。

模糊控制器已成功地用于线性和非线性系统的控制。与传统控制器相比,模糊控制器不要求建立系统的数学模型,而且能够容易地解决控制系统的非线性和不确定性问题。

用于 EHA 汽车主动悬架的模糊控制器有两个输入参数:车体加速度与参考加速度的偏差及偏差变化率。模糊控制器输入的语言变量为车体加速度偏差(E)和偏差变化率(EC),输出的语言变量为理想的控制力(U)。

表 4-1 中给出汽车模糊控制主动悬架与被动悬架的车体加速度、悬架动挠度、轮胎动载荷的均方根值。车体加速度、悬架动挠度、轮胎动载荷是汽车动态性能的主要评价指标。结果表明,基于 EHA 的模糊控制主动悬架降低了车体加速度、悬架动挠度、轮胎动载荷大小。通过模糊控制,汽车车体加速度下降了 17.58%,轮胎动载荷下降了 38.36%。

被动和模糊控制悬架的均方根值(RMS) 表 4-1

项 目	被 动	模 糊 控 制	下降率(%)
车体加速度 a	$5.5721\mathrm{m \cdot s^{-2}}$	$4.5924\mathrm{m \cdot s^{-2}}$	17.58
悬架动挠度 X	0.0439m	0.0408m	7.06
轮胎动载荷 F	1240.9N	764.8596N	38.36

第四节　典型汽车液压悬架系统

一、日产英菲尼迪 Q45 液压式主动控制悬架系统

(一)液压式主动控制悬架的结构和工作原理

日产英菲尼迪 Q45 轿车采用的液压式主动控制悬架系统(FAS)主要由油压系统和控制系统两部分组成。油压系统和控制系统的组成及布置,如图 4-20 和图 4-21 所示。

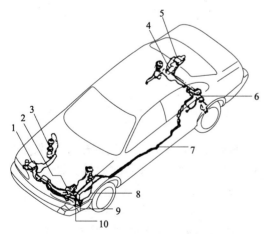

图 4-20　英菲尼迪 Q45 轿车液压式主动
控制悬架油压系统

1-前端主储压器;2-前压力控制阀;3-油泵;4-执行器;
5-后端主储压器;6-后压力控制阀;7-油管;8-执行器;
9-储液罐;10-油液冷却器

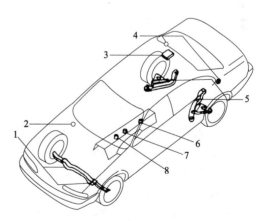

图 4-21　英菲尼迪 Q45 轿车液压式主动
控制悬架控制系统

1-高度传感器;2-前端垂直 G 传感器;3-悬架控制装置;4-后端垂直 G 传感器;5-高度传感器;6-后侧横向 G 传感器;7-纵向 G 传感器;8-前侧横向 G 传感器

系统根据 G 传感器的输出信号,控制各车轮执行器的油压,抑制车身姿态的变化,也降低来自路面的冲击。

系统由油压系统和控制系统构成。油压系统主要由储油箱、油泵、油泵储压器、组合阀、主储压器、压力控制阀及执行器组成;控制系统主要由 4 个车身高度传感器(4 个车轮各一个)、3 个垂直 G 传感器(1 个在汽车前端,2 个在汽车后端)、2 个横向 G 传感器(在中间车架上)、1 个纵向 G 传感器(也在中间车架上)、电子控制装置组成。

1. 油泵总成

作为系统动力源的油泵,其结构如图 4-22 所示。

油泵总成为一串联式结构,前端为一柱塞泵(供悬架系统用),后端为一叶片式油泵(供动力转向系统用),两个油泵由一根轴驱动。

悬架系统使用的是一流量控制型柱塞油泵,具有耐高速旋转及高压、能量损失少的特点。油泵沿圆周布置有 7 个柱塞,在驱动轮上的凸轮驱动下往复运动,为降低油泵输出油压的脉动,油泵内设有金属折箱型储压器。

2. 主储能器

主储能器的构造如图 4-23 所示。

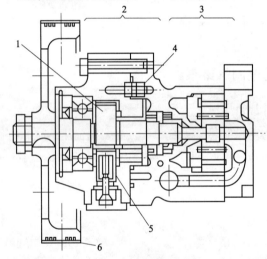

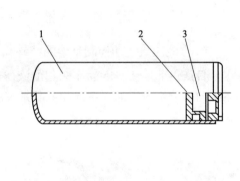

图 4-22　油泵结构
1-凸轮;2-柱塞油泵;3-叶片式油泵;4-止回阀;5-柱塞;6-皮带轮

图 4-23　主储能器构造
1-气室;2-自由活塞;3-油室

主储能器存储来自组合阀的油压,当执行器一时需要大流量油液时进行补充,在发动机熄火时保持车身高度。主储能器一般为自由活塞型储压器,要求高压、大容量、长时间可靠工作。

3. 组合阀

组合阀用于对油压系统的基本油压控制。它是由多个不同功能的阀组合在一起的多功能阀装置,如图 4-24 所示。组合阀中各阀的功能见表 4-2。

4. 压力控制阀

压力控制阀和执行器的结构,如图 4-25 所示。

系统中有两个压力控制阀,均是与飞机上使用的伺服阀一样,具有同等高精度、高响应性的导向比例电磁压力阀,它们分别位于汽车前端和后端,根据系统控制装置的控制信号,压力控制阀控制各轮执行器的油压。

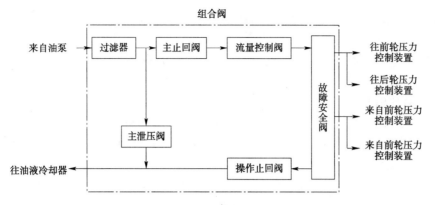

图 4-24　组合阀构成

组合阀中各阀的功能　　　　　　　　　　　表 4-2

名　称	功　能	说　明
主泄压阀	系统油压管理功能	供油压力超过 9.806MPa 时,主泄压阀将一部分油液泄放,它不管油泵的输出油量,限制系统最高油压
主止回阀	车身高度保持功能	主止回阀使油液只能流向控制阀,而不能反向流动
操作止回阀		操作止回阀为油压促动型开关阀,当供油压力超过一定值(5MPa)时止回阀打开,低于一定压力时止回阀关闭,发动机熄火时保持系统油压,以维持车身高度
流量控制阀	车身高度控制功能	流量控制阀在发动机启动时,关闭主油路,以旁路的孔口缓缓增高油压,然后打开主油路,这样可防止发动机起动时车身高度突变
故障安全阀	故障安全功能	电气系统发生异常时,变换油液通路,防止车身高度突变,确保安全性

压力控制阀主要有两个功能:

(1)主动控制功能。根据控制的输入信号,控制控制口(送至执行器)的压力,以控制车身姿势。

(2)被动阻尼功能。路面输入的影响使执行器内的压力发生变化时,将执行器内压力经控制口反馈到阀杆,以产生最佳的阻尼力。

5.执行器

执行器的结构参见图4-25。

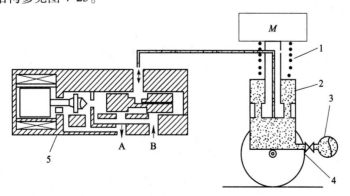

图 4-25　压力控制阀及执行器的结构示意图

1-螺旋弹簧;2-执行器;3-副储能器;4-阻尼阀;5-压力控制阀;A-回油口;B-进油口

执行器由液压缸、副储能器和阻尼阀组成。由于悬架系统使用了辅助螺旋弹簧，降低了支承车身所需的系统油压，减小了动力损耗。

为吸收、衰减弹簧下的高频振动，在底部设有副储能器和阻尼阀。

6. G 传感器

悬架系统使用了 6 个 G 传感器，用以检测汽车在各种行驶条件下产生的车身加速度，它们是 1 个纵向 G 传感器、2 个横向 G 传感器和 3 个垂直 G 传感器。这些 G 传感器均为钢球位移检测型传感器，可向电子控制装置提供对应于车身纵向力、横向力和垂直力的模拟输出信号。

7. 电子控制装置

电子控制装置包括两个高速 16 位微处理器（MCU1 和 MCU2），运算速度非常快，如图 4-26 所示。

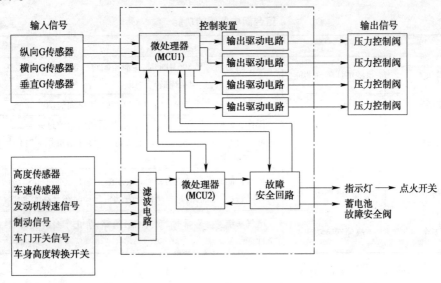

图 4-26　电子控制装置的内部构造和主要输入信号

微处理器 MCU1 处理来自 G 传感器的信号，并把控制信号输送到压力控制阀的驱动电磁线圈内，微处理器 MCU2 处理来自高度传感器等的信号，并把控制信号输送到压力控制阀的驱动电磁线圈内。MCU1 与 MCU2 一直相互联系，一方发生异常时，就把信号输入故障安全回路，使故障安全阀动作，以确保安全性。

（二）系统的控制功能

1. 侧倾控制功能

汽车转弯时，在离心力作用下车身欲发生侧倾，由横向 G 加速度测得此离心力，系统控制装置根据此离心力的大小，按比例增加外侧车轮悬架的液压，降低内侧车轮的液压，以抵消汽车离心力，防止车身侧倾。

侧倾控制时分别控制前轮与后轮执行器产生的作用力，如果假设抵消车身侧倾的总的作用力为 100%，如果增大前轮作用力的分配，会造成汽车转向不足；如果增大后轮作用力的分配，会造成汽车过多转向，为实现对汽车转向特性的主动控制，系统采用了前、后两个横向 G 传感器分别测量汽车前、后端的横向加速度，用前端的横向加速度 α_1 控制后轮执行器产生的作用力，用后端的横向加速度 α_2 控制前轮执行器产生的作用力。这样，当汽车高速急转向时，汽车的瞬时转向中心在汽车后方，$\alpha_1 > \alpha_2$ 时，侧倾控制时增大后轮执行器产生的作用力,可以改善汽车的回转性能;当汽车回正时,汽车的瞬时转向中心在汽车前方,$\alpha_2 > \alpha_1$ 时,侧倾控制时增大前轮执行器产生的作用力,改善汽车的回正性能,如图 4-27 所示。

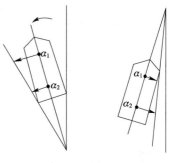

2. 俯仰振动控制功能

汽车制动时,汽车产生向前的惯性力,系统通过纵向 G 传感器测得汽车向前的惯性力,系统控制装置则根据此惯性力的大小,按比例增大前轮执行器产生的作用力,降低后轮执行器产生的作用力,以抵消惯性力,控制车身的俯仰振动。汽车起步时的控制过程与上述相反。

图 4-27 主动控制转向特性的原理

3. 上下振动控制功能

当汽车行驶于不平路面时,来自路面的冲击使车身发生上下振动,根据车身上下振动的绝对速度,系统控制各车轮执行器产生的作用力,以抵消来自路面的冲击。此绝对速度可将汽车垂直 G 传感器测得的车身垂直方向的加速度积分求得,此控制方式采用的是天棚阻尼器控制理论。

4. 车身高度控制功能

根据各车轮部分的高度传感器测得的车身高度变化信号,系统控制装置自动使车身高度维持为一个定值(不管载荷如何变化)。也可以通过手动操作使车身高度增加 20mm,以避免汽车行驶在坏路面时车身与路面相碰。

液压式主动控制悬架系统的车身控制效果见表 4-3。

液压式主动控制悬架系统的车身控制效果   表 4-3

控制功能	车身控制效果		驾乘感觉效果	
	控制因素	效　果	乘客效果	驾乘感觉
侧倾控制	汽车转向时,控制车身的侧倾程度和汽车转向特性	(1)转向时(如变化车道)的响应性好; (2)可实现汽车高速转向时高稳定性	乘客身体左右移动量小,也不会强制使身体弯曲	(1)不晕车; (2)长时间乘车也不疲劳; (3)驾驶员容易操纵加速踏板,制动踏板和离合器踏板; (4)视线变化少,驾驶安全; (5)确保水平视线,容易预知弯路的危险,使驾驶员从容驾驶; (6)转弯时保持正直姿势
俯仰振动控制	控制汽车制动时的点头和俯仰振动,控制汽车起步或急加速时的后蹲	紧急制动时保持车身姿态的稳定,使汽车有稳定的制动性能	乘客身体前后移动量小	(1)紧急制动时容易操纵制动踏板实现变化少; (2)制动时可轻松保持姿态
车身上下振动控制	汽车行驶于不平路面时,控制车身的上下振动	(1)减小俯仰振动; (2)改善轮胎的接地性,提高汽车的稳定性; (3)提高汽车的乘坐舒适性	乘客身体上下移动量小,也不会强制使身体弯曲	(1)不晕车; (2)长时间乘车也不疲劳; (3)驾驶员容易操纵加速踏板、制动踏板和离合器踏板; (4)视线变化少,驾驶安全; (5)路面不平时乘坐舒适,有安全感; (6)夜间行驶时,前灯光束摆动小,提高了安全感

控制功能	车身控制效果		驾乘感觉效果	
	控制因素	效果	乘客效果	驾乘感觉
车身高度控制	无论乘客人数和汽车载重量多少,保持一定的车身高度	(1)乘客人数、汽车载质量变化时,车身高度不变; (2)汽车装载重物时,确保充分的悬架行程,改善汽车乘坐舒适性、坏路面的行驶性能,前灯光束也不会朝上	—	—

系统的液压管路布置,如图4-28 所示。

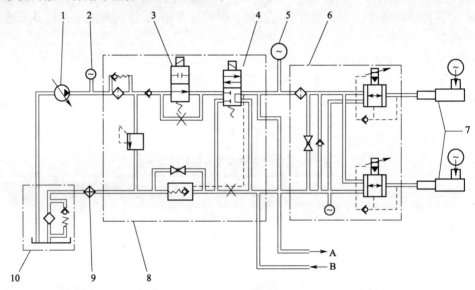

图4-28　液压管路布置

1-油泵;2-油泵储压器;3-流量控制阀;4-失效保护阀;5-前端主储压器;6-前压力控制阀;7-前执行器;8-组合阀;9-油液冷却器;10-储油罐;A送往后压力控制阀;B-来自后压力控制阀

FAS 的工作过工程可用图4-29 来说明。使用油泵的带执行器的液压系统,并通过电子控制装置控制,达到改善汽车乘坐舒适和行驶稳定的目的。电子控制装置接收 10 个独立传感器的输入信号,经过分析计算后向执行器发出控制信号,执行器则根据电子控制装置的控制信号不断调整前、后悬架的液体压力,从而补偿路面的下降、车身的侧倾、制动时的点头、加速时的后蹲和汽车车身高度变化。

二、多轴线重型液压载重车悬架液压系统

悬架系统是保证车轮和车桥与承载系统之间具有弹性联系并能传递载荷、缓和冲击、衰减振动以及调节车辆行驶中车身位置等有关装置的总成。由悬臂、摆臂、车轴、车轮组和液压油缸组成了多轴线重型液压载重车的一个悬架,由若干个(一般为三组或四组)悬架系统共同承载车辆的负荷,每组悬架系统可有若干个悬架组成,同组悬架系统内的液压油缸相连,通过控制油缸的伸缩来实现车辆的自由升降调节。同时,在车辆的行驶过程中,同一悬

架系内各油缸能够根据地面情况自动调整伸缩量起到一定的相互补偿作用,确保同一悬架系内的各悬架承受的载荷相同。

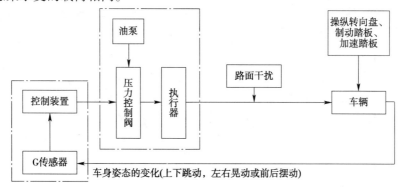

图 4-29　FAS 工作过程

多轴线重型液压载重车的多个悬架系共同支撑一个承载平台,各悬架与承载平台之间通过带旋转副的回转支承连接,悬架液压系统的管路布置上既有硬管,又有软管。液压软管由于长时间暴露于室外经受风吹日晒,再加上软管频繁地扭转弯曲变形,管路容易老化或者软管接头扣压的松脱从而发生破裂,一旦连接各悬架液压油缸的管路爆裂,悬架液压系统将失去承载功能,车辆将会发生倾覆的危险。再加上多轴线重型液压载重车额定载荷大,悬架液压系统连接管路长,行驶过程中悬架承受的惯性冲击大,很容易在同一悬架系内的液压管路上形成巨大的压力冲击,因此为防止车辆悬架系中的钢管或软管爆裂而造成车辆倾翻的危险,必须对悬架液压系统进行防爆设计。在分析传统多轴线重型液压载重车液压防爆回路设计不足的基础上,改进设计一种可靠性更高、成本更低廉、使用维护更加简便的液压防爆回路是很有必要的。

(一)传统悬架液压系统的防爆设计

目前在多轴线重型液压载重车悬架液压系统防爆设计中使用较多的是双管路防爆阀、止回防爆阀,或者将这两种防爆阀组合起来使用。双管路防爆阀结构及工作原理,如图4-30所示,采用并联冗余设计的方法,成对使用两个防爆阀,此防爆阀工作原理类似于带对中弹簧的梭阀,两防爆阀间有两根软管连接。正常工作时,两根软管都有油液经过,当其中一段软管爆裂时,防爆阀阀芯在油缸压力作用下,瞬时被推到爆裂端封闭此端油路,而另一端的软管能正常工作,从而确保悬架系统能正常工作。应用双管路防爆阀的悬架液压系统不足之处是当两个软管同时爆裂或钢管爆裂及系统中其他液压元件发生故障大量卸荷时,悬架系统将不能正常工作,可能导致整车倾覆的危险,而且系统结构比较复杂。

止回防爆阀的结构及原理,如图 4-31 所示,此类防爆阀是一种平板阀,在自然状态下,阀板在弹簧力的作用下离开阀座,维持一定的阀口开度。油液由 P 到 A 可以自由流动,当液流从 A 流向 P 时,由于经过阀口产生流动阻力,阀口前后存在压力差,在阀板两端有一个与流动方向相同的压差作用力,设定在正常工作状态的流速下,此力不超过最大弹簧力,阀口是开启的,液压油可以正常流通。如果阀 P 侧的管路出现破裂时,在负载压力作用下 A 到 P 的流量会急剧增加,当通过阀口的流动阻力超过最大弹簧力时,阀芯会立刻关闭,负载能够停留在管路破裂瞬间的位置上。此类防爆阀使用时必须直接安装在要保护液压执行机构的压力油进口处,若是安装在管路中间,防爆阀与执行元件之间的管路出现破裂就起不到保护作用。这样就要求在设计液压执行机构时需要给防爆阀预留足够的安装空间。此单向防爆阀在多轴线重型液压载重车悬架液压系统中使用效果较差,尤其是在同一悬架系悬架数量较多时,若某油缸的入口管路出现爆裂时,要求所有液压缸的防爆阀都能够迅速动作,而往往由于悬架数量较多,管路连接较长,平均到每个悬架的油缸下降瞬时流量较小不足以关闭防爆阀。如果把防爆阀对流速的灵敏度提高,而在正常行驶过程中同悬架系统油缸间的相互补偿作用将会削弱。

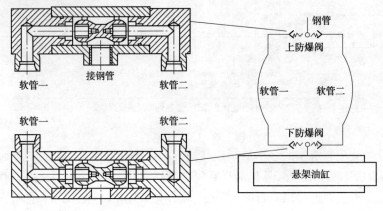

图 4-30　双管路防爆阀结构及原理

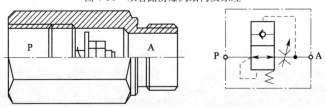

图 4-31　止回防爆阀的结构及原理

在车辆悬架较少的情况下,结合上述两种防爆阀的优、缺点,将两种防爆阀联合使用,串联在油缸与钢管之间,如图 4-32 所示,就能比较完美地应对各种管路爆裂状况。当单根软管或钢管爆裂时都能较好地防止油液泄漏避免车辆发生倾覆的危险,但是结构复杂、成本较高,并且要有足够的安装空间。

(二)基于新型双向防爆阀的悬架液压系统

针对传统多轴线重型液压载重车悬架液压系统防爆回路的不足,充分考虑可靠性及安装空间的要求,应用一种新型双向防爆阀,其结构与原理如图 4-33 所示。

新型双向防爆阀在多轴线重型液压载重车悬架液压系统中的应用,如图 4-34 所示。此种防爆阀为滑阀式结构,初始状态阀芯处于开启状态,A 口接硬管,B 口通过软管接悬架液压缸,C 口由外接管路与 A 口相连。在悬架上升过程即油液从 A 口流向 B 口,经过阀口后压力由 p_A 降为 p_B,阀芯在 p_A、p_B 和弹簧力的共同作用下处于某一平衡位置,即

$$p_B A + k\Delta x = p_A A$$

式中:p_A——防爆阀 A 口压力;

$\quad p_B$——防爆阀 B 口压力;

$\quad A$——阀芯面积;

$\quad k$——弹簧刚度;

$\quad \Delta$——阀芯位移量。

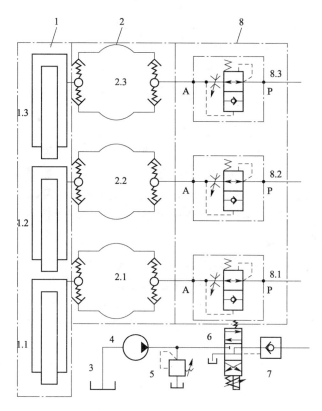

图 4-32　双管路防爆阀与止回防爆阀组成的防爆回路

1-悬架油缸;2-双管路防爆阀;3-液压油箱;4-液压泵;5-溢流阀;6-电磁换向阀;7-液控单向阀;8-止回防爆阀

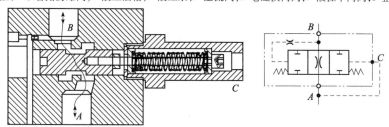

图 4-33　双向防爆阀结构与原理

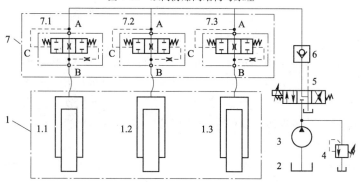

图 4-34　新型双向防爆阀在悬架液压系统中的应用

1-悬架油缸;2-液压油箱;3-液压泵;4-溢流阀;5-电磁换向阀;6-液控单向阀;7-双向防爆阀

当悬架系统 A 侧硬管爆裂时,所有防爆阀 A 口压力迅速下降为零,在负载的作用下油液从 B 流向 A,同时负载压力作用在阀芯左端,负载压力 p_B 对阀芯的作用力远大于弹簧力,从而使阀芯迅速向右移动,B侧阀口关闭;当某一防爆阀B侧软管发生爆裂时,此防爆阀B口压力立即下降为零,只有系统压力作用在阀芯右端,足以克服弹簧力,使阀芯向左运动迅速关闭A侧阀口,切断油液与爆裂管理之间的油路,从而保证了同一悬架系统中的其他悬架不受影响,只是爆管的悬架失去了承载能力,此时负载还能够停在管路爆裂瞬间的位置上,防止车辆倾覆危险的发生。

同理,当车辆承载平台下降或正常行驶时,某一双向防爆阀任意侧管爆裂或其他元件出现故障都能有效防止本悬架系迅速下降,阻止车辆发生倾翻的危险。

新型双向防爆阀能够在油液流动的两个方向上感应压力变化,并根据压力变化关闭相应的阀口,较单向防爆阀只能在油液流动的一个方向上关闭阀口可靠性更高,另外滑阀结构较平面阀密封性更好,泄流量更小,对预防车辆倾覆更安全可靠。

(三)可靠性试验与结论

将该新型双向防爆阀安装在模块组合液压挂车悬架液压系统中进行可靠性测试试验:在双向防爆阀的A、B口侧分别安装一个带卸荷功能的手动换向阀来模拟两侧的管路破裂,在悬架额定载荷下分别多次操作两个手动换向阀,同悬架系统的双向防爆阀都能够迅速地关闭阀口,悬架没有出现下降。在防爆阀阀芯动作的情况下,经过48h的管路封闭耐压试验没有发生泄漏。说明该新型双向防爆阀能够满足多轴线重型液压载重车悬架液压系统的防爆要求,改进后的悬架液压系统可靠性高、成本更低廉、结构简单、安装灵活方便、对提升重型车辆悬架液压系统的防爆技术具有重要意义。

三、重型越野车半主动油气悬架系统

重型越野车是一种适合于行驶在越野路面的特殊车辆。由于应用对象比较特殊,对其悬架系统的综合性能有严格的要求。油气悬架作为汽车的悬挂装置具有很独特的优点,尤其对处于野外作业的重型越野车来说更具优势。高性能的越野车对悬架系统的要求除了有效隔振、提供良好的行驶平顺性以及操纵稳定性之外,还要求提高车辆的越野通过性,即在崎岖不平的路面上尽量提高行驶速度以充分发挥其机动灵活性;此外,还应附带高度调节功能,油气悬架可以很好地满足越野车辆的这些要求,因而具有很好的发展前景。同时,要使车辆在各种路面上行驶的各项性能指标均达到较高的水平,被动式悬架已经不能满足需要,因此必须对悬架施行主动控制,构成主动或半主动式油气悬架系统。

(一)重型越野车半主动油气悬架系统

图4-35为某重型越野车的四桥全独立半主动油气悬架系统原理图。该油气悬架系统包含8个油气弹簧,4组高度、阻尼控制回路,以及PLC和触摸屏的电控系统。其中,每组控制回路的结构相同,均由2个油气弹簧、2个高速开关阀、1个电液比例节流阀、1个限载阀、1个储能器,以及压力传感器和位移传感器等组成。其中,特制的电液比例节流阀用于半主动油气悬架的阻尼调节。

(二)系统工作原理

在图4-35所示的悬架系统中,当载荷增加,车架与车桥之间距离缩短时,油气弹簧的主活塞上移,迫使工作也经比例节流阀进入储能器,使储能器气体容积减小,氮气压力增高。升高了的氮气压力通过工作液的传递变为作用在主活塞上部的力,当此力与外界载荷相等时,活塞便停止运动。于是,车架与车桥的相对位置不再变化。当载荷减小即推动活塞上移的作用力减小时,工作液在高压氮气的作用下经比例节流阀流回油气弹簧,并推动主活塞向下移动,车架与车桥间距离变长,直到氮气室内压力通过工作液的传递使作用在主活塞上的力与外界减小的载荷相等时,主活塞才停止移动。汽车在行驶过程中,油气弹簧所受到的载荷是变化的,因此主活塞便相应地在油气弹簧中处于不同的位置。由于氮气充满在密闭的气室内,作用在活塞上的载荷小时,气体弹簧的刚度较小,随着载荷的增加,气体弹簧的刚度变大,即它有刚度特性。另外,该油气弹簧又起液力减振器的作用。工作液通过比例节流阀时,消耗一部分能量,以热量的形式散发出去,从而保证了振动的迅速衰减。

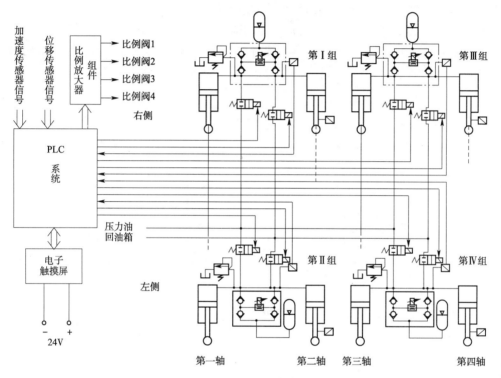

图 4-35 某重型越野车油气悬架系统原理

1. 被动控制原理

在被动控制模式下,比例阀的控制电流分为三级。可由驾驶员人工或计算机根据传感器的信号自动选择所需的阻尼级别,以使悬架的性能接近最优。其优点是在路况很坏或起动、制动时,能将比例阀的阻尼调节到很大,仅靠油气弹簧内的气室吸收振动能量,使行驶安全性大幅度提高。

2. 半主动控制原理

在半主动控制模式中,计算机从传感器采集到速度、位移、加速度等信号,根据最优控制律计算出相应的阻尼值,然后输出控制信号到比例阀,使比例阀节流孔面积无极变化,从而实现油气悬架的半主动控制。

在触摸屏上预先设定。高度调节阀采用响应速度快、密封性能好、抗干扰能力强的高速开关阀。在两种模式均可实现局部区域调节或整体调节。

在人工调节模式中,驾驶员根据重型越野车的车身高度在触摸屏上接通或断开高度调节阀,如图 4-36 所示。当高速开关阀 1 接通,而开关阀 2 断电时,车身提高;反之,当高速开关阀 1 断电,而开关阀 2 通电时,车身降低。

在自动调节模式中,驾驶员预先在触摸屏上设置好所需车身高度,计算机根据车身高度传感器(位移传感器)检测到的实际高度,按照一定的控制律不断调整。

3.车身高度调节原理

车身高度的调节分人工和自动两种工作模式,可通过高速开关阀,使得实际车身高度达到要求。

4.油气悬架系统的平衡原理

为使该重型越野车悬架的控制系统简单,油气悬架的平衡采用分组局部平衡方案,即将同侧的一轴与二轴、三轴与四轴的油气弹簧的油室相连(图4-35)。

在该平衡方式中,由于油室相同,每相连的两个油气弹簧的载荷总是相等的。当一个油气弹簧的载荷增大时,另一个油气弹簧的载荷也自动增大,又由于总载荷一定,因此这种平衡方式可以自动调节各轴间的载荷分配,防止个别油气弹簧过载。

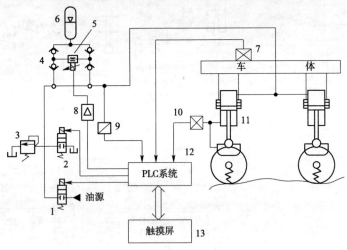

图4-36 单组控制回路原理

1-高速开关阀;2-开关阀;3-限载阀;4-整流阀块;5-电液比例节流阀;6-储能器;7-加速度传感器;8-比例放大器;9-压力传感器;10-位移传感器;11-油气弹簧;12-PLC系统;13-电子触摸屏

四、汽车电控液压悬架系统故障诊断与排除

(一)功能检查

检查汽车高度调节功能;检查元件漏油;检查相关元件表面温度;检查液压油及过滤装置;检查调压阀指示情况及调整性能等。

(二)悬架系统故障的自诊断

1.用巡航控制指示灯(LRC)进行自诊断

采用电控悬架控制的汽车上通常装有 LRC 指示灯和高度控制指示灯(HEIGHT),其在车上的位置,如图4-37 所示。其自诊断步骤如下。

(1)接通点火开关,检查 LRC 指示灯和 HEIGHT 指示灯是否点亮2s。当将 LRC 开关拨至"SPORT"侧时,LRC 指示灯仍应亮;同样,当将高度控制开关拨至"NORM"位置或"HI"位置时,相应的高度控制指示灯"NORM"或"HI"仍应点亮。即使在接通点火开关和发动机不运转时,拨动高度控制开关也不会改变高度控制指示灯的点亮状态。

(2)当点火开关接通时,"HEIGHT"指示灯应保持点亮状态。

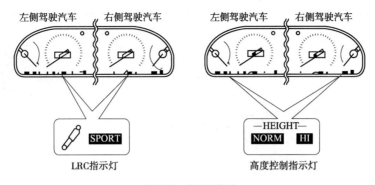

图 4-37　指示灯位置

（3）当高度控释 NORM 指示灯 1s 的间隙闪亮时,则表明 ECU 存储器中已存有故障代码。如果指示灯检查过程中,出现表 4-4 所列故障时,应对相应电路进行检修。

液压悬架常见故障　　　　　　　　　　　　　表 4-4

序号	故障现象	检查电路
1	接通点火开关后,"SPORT""HI""NORM" 指示灯不亮	(1)检查高度控制系统电源电路; (2)检查指示灯电路
2	接通点火开关后,"SPORT""HI""NORM" 指示灯亮 2s 后全部熄灭	悬架控制系统执行器电源电路
3	有些指示灯,如"SPORT""HI""NORM"或"HEIGHT"灯不亮	指示灯电路或"HEIGHT"灯电路
4	即使 LRC 开关拨到"NORM"侧,"SPORT"指示灯仍亮	LRC 开关电路
5	高度指示灯点亮状态与高度控制开关所指定的汽车高度位置不一致	高度控制开关

2.提取故障代码

（1）接通点火开关,如图 4-38 所示,用跨接线将 TDCL 或维修检查插座的 TC 与 EI 端子短接。

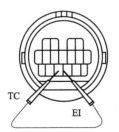
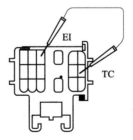

图 4-38　跨接 TC 和 EI 端子提取故障代码

（2）观察高度控制"NORM"指示灯闪烁情况,按闪烁规律读取故障代码。

（3）利用随车提供的故障代码进行故障诊断。

3.清除故障代码

（1）切断点火开关,插下保险继电器中相应的熔丝 10s 以上。

（2）切断点火开关,用跨接线将高度控制插头的 CEL 与 E 端子相连,同时使插头的端子 TS 与 EI 相连,保持这一状态 10s 以上,然后接通点火开关,并脱开跨接线。

第五章　汽车液力自动变速器

　　自动变速器(Automatic Transmission,简称:AT),亦称自动变速箱,台湾称为自排变速箱,香港称为自动波,通常来说是一种可以在车辆行驶过程中自动改变齿轮传动比的汽车变速器,从而使驾驶员不必手动换挡,也适用于大型设备、铁路机车。

　　汽车自动变速器常见的有四种型式:分别是液力自动变速器(AT)、机械式无级变速器(CVT)、电控机械式自动变速器(AMT)、双离合自动变速器(DCT)。轿车普遍使用的是AT,AT几乎成为自动变速器的代名词。

　　自动变速器的分类如下。

　　(1)按变速形式可分为有级变速器与无级变速器。

　　有级变速器是具有有限几个定值传动比(一般有4~9个前进挡和一个倒挡)的变速器。无级变速器是能使传动比在一定范围内连续变化的变速器,无级变速器在汽车上应用已逐步增多。

　　(2)按无级变矩的种类可分为液力自动变速器、机械式无级变速器和"电动机"无级变速。

　　①液力自动变速器:是由液力变矩器和行星齿轮变速器组合而成的变速器。应用最为广泛。

　　②机械式无级变速器:是通过链带和锥形轮的距离来变速。

　　③"电动机"无级变速:它取消了机械传动中的传统机构,而代之以电流输至电动机,以驱动和电动机组装为一体的车轮。

　　(3)按自动变速器前进挡的挡位数不同可分为2个前进挡自动变速器、3个前进挡自动变速器、4个前进挡以上自动变速器三种。

　　早期的自动变速器通常为2个前进挡或3个前进挡。这两种自动变速器都没有超速挡,其最高挡为直接挡。新型轿车装用的自动变速器基本上都是4~9个前进挡,即设有超速挡。这种设计虽然使自动变速器的构造更加复杂,但由于设有超速挡,大大改善了汽车的燃油经济性。

　　(4)按齿轮变速器的类型可分为定轴齿轮式和行星齿轮式两种。定轴齿轮式自动变速器体积较大,最大传动比较小,使用较少。行星齿轮式自动变速器结构紧凑,能获得较大的传动比,被绝大多数轿车采用。

　　(5)按齿轮变速系统的控制方式分为液控自动变速器、电控液力自动变速器和电控自动变速器。

　　①液控自动变速器:是通过机械的手段,将汽车行驶时的车速及节气门开度两个参数转变为液压控制信号;阀板中的各个控制阀根据这些液压控制信号的大小,按照设定的换挡规

律,通过控制换挡执行机构动作,实现自动换挡。

②电控液力自动变速器:是通过各种传感器,将发动机转速、节气门开度、车速、发动机水温、自动变速器液压油温度等参数转变为电信号,并输入电脑;电脑根据这些电信号,按照设定的换挡规律,向换挡电磁阀、油压电磁阀等发出电控制信号;换挡电磁阀和油压电磁阀再将电脑的电控信号转变为液压控制信号,阀板中的各个控制阀根据这些液压控制信号,控制换挡执行机构的动作,从而实现自动换挡。

③电控自动变速器:是通过控制电机来实现换挡,由于它使用电机控制,所以不用液压油、没有滑阀箱,在结构上也变得更加紧凑和简单,造价更低,使用较少。

第一节　液力自动变速器的基本元件、结构组成及基本工作原理

液力自动变速器的品牌型号很多,外部形状和内部结构也有所不同,但它们的组成基本相同,都是由液力变矩器和齿轮式自动变速器组合起来的。常见的组成部分有液力变矩器、变速齿轮机构、离合器、制动器、单向离合器、油泵、滤清器、管道、控制阀体、速度调压器等,按照这些部件的功能,可将它们分成液力变矩器、变速齿轮机构、供油系统、自动换挡控制系统(TCU)和换挡操纵机构五大部分。自动变速器的实物组成剖面如图5-1所示。

液力自动变速器的核心部件为:液力变矩器、行星齿轮组、离合器/制动器及其控制机构

图5-1　自动变速器实物组成剖面

(电磁阀、油路),外围设备即为变速器壳体、传动轴等。本部分从动力流向为顺序,先从液力变矩器进行介绍。

一、液力变矩器

液力变矩器位于自动变速器的最前端,连接在发动机的飞轮上,其作用与采用手动变速器的汽车中的离合器相似。它利用油液循环流动过程中动能的变化将发动机的动力传递给自动变速器的输入轴,并能根据汽车行驶阻力的变化,在一定范围内自动地、无级地改变传动比和扭矩比,具有一定的减速增扭功能。液力变矩器的实物如图5-2所示。

曾有一种说法,AT上的液力变矩器相当于MT上的离合器,起到动力的连接和中断的作用。其实这种说法是错误的。AT与发动机曲轴是直接连接的,不像MT有一个动力的开关——离合器。所以从点火的瞬间开始,液力变矩器便开始转动了,对于动力的连接和中断,仍由齿轮箱内部的离合器来完成,液力变矩器唯一与MT离合器相似的地方,也就是液力变矩器"软连接"的特性,与MT离合器的"半联动"工况相近。

液力变矩器是一种液力传动装置,它以液体为工作介质来进行能量转换。液力变矩器的早期发展阶段为液力耦合器。

(一)液力耦合器的结构及工作原理

液力耦合器主要由两个元件组成,即泵轮和涡轮。如图5-3所示为液力耦合器示意图。

泵轮 2 固定在发动机曲轴上，为能量输入端，涡轮 4 固定在耦合器输出轴 5 上，为输出端。泵轮和涡轮之间有 2~4mm 的间隙，整个耦合器充满了液体工作介质。

 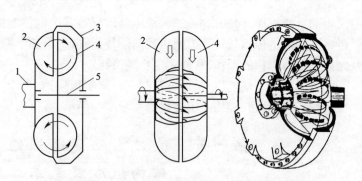

图 5-2　液力变矩器实物剖面图　　　　　　　　图 5-3　液力耦合器示意图
1-防止离合器；2-涡轮；3-泵轮；　　　　　1-发动机曲轴；2-泵轮；3-耦合器壳体；4-涡轮；5-耦合器输出轴
4-导轮

1. 泵轮的运动

（1）发动机起动后，发动机曲轴 1 旋转并带动泵轮 2 同步旋转（图 5-3）。充满在泵轮叶片间的工作液体随着泵轮同步旋转，这是工作液体绕传动轴的牵连运动。

（2）在离心惯性力的作用下，工作液体在绕传动轴做牵连运动的同时，它沿叶片间的通道从内缘向外缘流动，这是流体和叶片间的相对运动，并于泵轮的外缘流入涡轮。

2. 涡轮的运动

工作液体流入涡轮后，把从泵轮处获得的能量（动量）传递给涡轮，使涡轮旋转。从涡轮外缘（涡轮入口）流入的液体，既随涡轮旋转作牵连运动，又从外缘向内缘（涡轮出口）流动，这是涡轮叶片和流体的相对运动。最后，流体经涡轮内缘又流回泵轮。

（二）液力变矩器的结构及工作原理

1. 功用

液力变矩器位于发动机和机械变速器之间，以自动变速器油（ATF）为工作介质，主要完成以下功用：

（1）传递转矩。发动机的转矩通过液力变矩器的主动元件，再通过 ATF 传给液力变矩器的从动元件，最后传给变速器。

（2）无级变速。根据工况的不同，液力变矩器可以在一定范围内实现转速和转矩的无级变化。

（3）自动离合。液力变矩器由于采用 ATF 传递动力，当踩下制动踏板时，发动机也不会熄火，此时相当于离合器分离；当抬起制动踏板时，汽车可以起步，此时相当于离合器接合。

（4）驱动油泵。ATF 在工作的时候需要油泵提供一定的压力，而油泵一般是由液力变矩器壳体驱动的。同时由于采用 ATF 传递动力，液力变矩器的动力传递柔和，且能防止传动系过载。

2. 组成

如图 5-4~图 5-6 所示，液力变矩器通常由泵轮、涡轮和导轮三个元件组成，称为三元件液力变矩器。也有的采用两个导轮，则称为四元件液力变矩器。

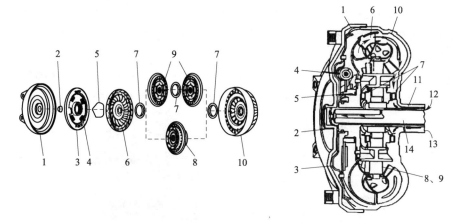

图 5-4　典型的液力变矩器

1-变矩器壳体;2-涡轮止推垫片;3-压盘;4-扭转减振器;5-压盘弹簧;6-涡轮;7-止推轴承;8-带单向离合器的单导轮;9-带单向离合器的双导轮;10-泵轮;11-导轮轴;12-分离油液;13-接合油液;14-涡轮轴

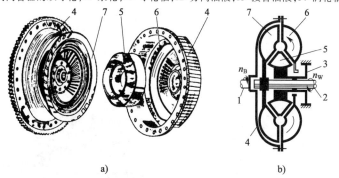

a)　　　　　　　　　　　　b)

图 5-5　液力变矩器的组成示意图

1-输入轴;2-输出轴;3-导轮轴;4-变矩器壳;5-导轮;6-泵轮;7-涡轮

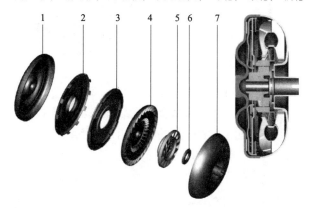

图 5-6　液力变矩器分解图

1-前盖;2-锁止离合器片;3-减振器;4-涡轮;5-导轮;6-推力轴承;7-泵轮

液力变矩器总成封在一个钢制壳体(变矩器壳体)中,内部充满 ATF。液力变矩器壳体通过螺栓与发动机曲轴后端的飞轮连接,与发动机曲轴一起旋转。它的能量输入部件称为泵轮,以"B"表示;它将发动机输出的机械能转换为工作介质的动能。能量输出部件为涡轮,以"W"表示;它将液体的动能又还原为机械能输出。泵轮位于液力变矩器的后部,与变矩器壳体连在一起。涡轮位于泵轮前,通过带花键的从动轴向后面的机械变速器输出动力。

导轮位于泵轮与涡轮之间,以"D"表示,通过单向离合器支承在固定套管上,使得导轮只能单向旋转(顺时针旋转)。泵轮、涡轮和导轮上都带有叶片,液力变矩器装配好后形成环形内腔,其间充满 ATF。

泵轮与变矩器壳体连成一体,其内部径向装有许多扭曲的叶片,叶片内缘则装有让变速器油液平滑通过的导环,其结构如图 5-7 所示。变矩器壳体与曲轴后端的飞轮相连接。

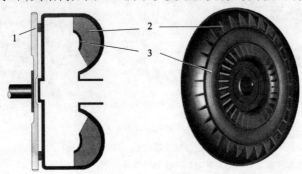

图 5-7 泵轮结构示意图
1-驱动盘;2-叶片;3-导环

同泵轮一样,涡轮也装有许多叶片,如图 5-8 所示。但涡轮叶片的弯曲方向与泵轮叶片的弯曲方向相反。涡轮转轮装在变速器输入轴上,其叶片与泵轮叶片相对放置,中间留有一很小的间隙。

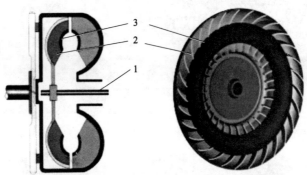

图 5-8 涡轮结构示意图
1-变速器输入轴;2-叶片;3-导环

导轮位于泵轮和涡轮之间,通过单向离合器安装在与油泵连接在一起的导轮轴上,油泵安装在变速器壳体上,导轮也是由许多扭曲的叶片组成。其结构如图 5-9 所示。

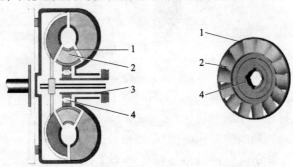

图 5-9 导轮结构示意图
1-导环;2-叶片;3-导轮轴;4-单向离合器

3. 液力变矩器的工作原理

1）动力的传递

液力变矩器工作时，壳体内充满 ATF，发动机带动壳体旋转，壳体带动泵轮旋转，泵轮的叶片将 ATF 带动起来，并冲击到涡轮的叶片；如果作用在涡轮叶片上的冲击力大于作用在涡轮上的阻力，涡轮将开始转动，并使机械变速器的输入轴一起转动。由涡轮叶片流出的 ATF 经过导轮后再流回到泵轮，形成如图 5-10 所示的循环流动。

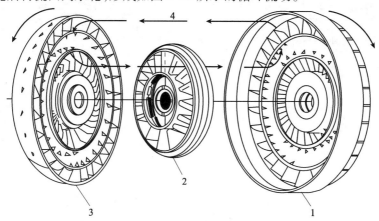

图 5-10　ATF 在液力变矩器中的循环流动
1-泵轮；2-导轮；3-涡轮；4-油流

具体来说，上述 ATF 的循环流动是两种运动的合运动。当液力变矩器工作，泵轮旋转时，泵轮叶片带动 ATF 旋转起来，ATF 绕着泵轮轴线作圆周运动；同样随着涡轮的旋转，ATF 也绕着涡轮轴线作圆周运动。旋转起来的 ATF 在离心力的作用下，沿着泵轮和涡轮的叶片从内缘流向外缘。当泵轮转速大于涡轮转速时，泵轮叶片外缘的液压大于涡轮外缘的液压。因此，ATF 油在作圆周运动的同时，在上述压差的作用下由泵轮流向涡轮，再流向导轮，最后返回泵轮，形成在液力变矩器环形腔内的循环运动。

2）转矩的放大

在泵轮与涡轮的转速差较大的情况下，由涡轮甩出的 ATF 以逆时针方向冲击导轮叶片，如图 5-11 所示。此时导轮是固定不动的，因为导轮上装有单向离合器，它可以防止导轮逆时针转动。导轮的叶片形状使得 ATF 的流向改变为顺时针方向流回泵轮，即与泵轮的旋转方向相同。泵轮将来自发动机和从涡轮回流的能量一起传递给涡轮，使涡轮输出转矩增大。液力变矩器的转矩放大倍数一般为 2.2 左右。

液力变矩器的变矩特性只有在泵轮与涡轮转速相差较大的情况下才成立，随着涡轮转速的不断提高，从涡轮回流的 ATF 油会按顺时针方向冲击导轮。若导轮仍然固定不动，ATF 油将会产生涡流，阻碍其自身的运动。为此绝大多数液力变矩器在导轮机构中增设了单向离合器，也称自由轮机构。当涡轮与泵轮转速相差较大时，单向离合器处于锁止状态，导轮不能转动。当涡轮转速达到泵轮转速的 85% ~90% 时，单向离合器导通，导轮空转，不起导流的作用，液力变矩器的输出转矩不能增加，只能等于泵轮的转矩，此时称为耦合状态。

液力变矩器的工作原理可以通过一对风扇的工作来描述。如图 5-12 所示，将电扇 A 通电，将气流吹动起来，并使未通电的电扇 B 也转动起来，此时动力由电扇 A 传递到电扇 B。为了实现转矩的放大，在两台电扇的背面加上一条空气通道，使穿过风扇 B 的气流通过空气通道的导向，从电扇 A 的背面流回，这会加强电扇 A 吹动的气流，使吹向电扇 B 的转矩增加。即电扇 A 相当于泵轮,电扇 B 相当于涡轮,空气通道相当于导轮,空气相当于 ATF。液力变矩器的涡轮回流的 ATF 油经过导轮叶片后改变流动方向,与泵轮旋转方向相同,从而使液力变矩器具有转矩放大的功用。

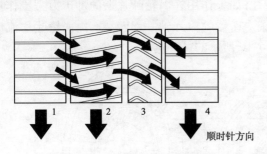

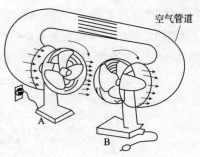

空气管道

顺时针方向

图 5-11　液力变矩器转矩放大原理　　　　　　图 5-12　液力变矩器的工作模型
1-泵轮;2-涡轮;3-导轮;4-泵轮

(三)液力耦合器和液力变矩器的能量转换原理

1.液力耦合器的能量转换

流体在耦合器(变矩器)内的循环流动是一个相当复杂的三维流动,流体与工作叶片间的相互作用也相当复杂。因此,分析这类问题时,在流体力学方面作了一系列假定后,一般用一元流束理论来描述。对于专业性较强的一些描述方式和术语,由于篇幅有限,不作介绍,需要参考有关著作。

根据动量矩定理,设输入转矩为 M_i、转速为 n_1,输出转矩为 M_o、转速为 n_2。则:

$$M_i = M_o \tag{5-1}$$

则液力耦合器的效率为:

$$\eta = \frac{M_o n_2}{M_i n_1} = \frac{n_2}{n_1} = i \tag{5-2}$$

式中:η——耦合器的效率;

　　　i——耦合器的传动比。

当发动机转速(即为泵轮转速)不变时,效率公式(5-2)中的分母是一个常数;随着涡轮转速的升高,传动比变大,效率也高。反之,随着涡轮转速的降低,耦合器的效率也随之下降。需要指出的是,从理论上讲,当 $n_1 = n_2$ 时 $i = 1$,效率最高。这只有在涡轮轴上没有负载时才可能出现。而实际是,当 $n_1 = n_2$,耦合器的泵轮和涡轮之间没有速度差;泵轮里的液体随泵轮作旋转运动产生的离心惯性力和涡轮里的液体随涡轮运动产生的离心惯性力大小相等而方向相反;耦合器内的液体不流动,也没有环流,耦合器也就失去了能量传递的作用。

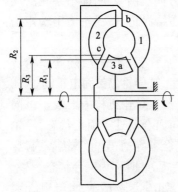

图 5-13　液力变矩器的能量传递原理
1-泵轮;2-涡轮;3-导轮

2.液力变矩器的能量传递原理(见图5-13)

液力变矩器与液力耦合器在结构上的最大区别就是液力变矩器比液力耦合器多加装了一个固定的流体导向装置——导轮。当泵轮 1 由发动机驱动旋转时,工作液体由泵轮的外端出口 b 甩出(R_2 即表示泵轮叶片出口在中间旋转曲面上的半径)而进入涡轮,然后自涡轮的 C 端(R_3 表示涡轮叶片出口在中间旋转曲面的半径）流出而进入导轮，再经导轮 a 端流入泵轮而形成环流。

3. 变矩原理

涡轮转速为零或较低（相当于起步或重载低速时）时，涡轮出口的绝对速度（即导轮的进口速度）和导轮的出口速度相反，涡轮轴上的输出力矩大于泵轮轴上的力矩。当涡轮转速逐渐升高，即涡轮的牵连（环流）速度逐渐增加时，涡轮出口绝对速度逐渐减小，方向逐渐改变；当涡轮的转速增加到一定程度以后（导轮进出口绝对速度的方向相同），流体作用于涡轮的力矩（涡轮的输出力矩）小于泵轮作用于流体的作用力矩（泵轮的输入力矩）。

如图 5-14 为汽车低速行驶时的力矩变化示意图。从图中看出涡流速度 v_a 大，环流速度 v_b 小，合成的液流 v_c 的方向冲击导轮的正面，导轮的单向离合器起作用而锁止，涡轮输出转矩增大，即：

$$M_W = M_B + M_D$$

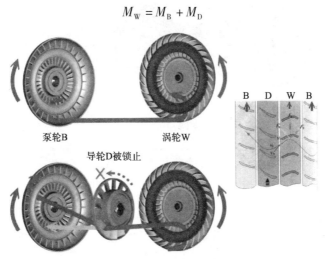

图 5-14　汽车低速行驶时力矩变化示意图

图 5-15 为汽车中速行驶时的力矩变化示意图。从图中看出涡流转速是泵轮转速的 0.85 倍时，合成液流的方向正好与导轮叶片相切，$M_D = 0$，此时相当于耦合器，对应的转速称为"耦合工作点"，即：

$$M_W = M_D$$

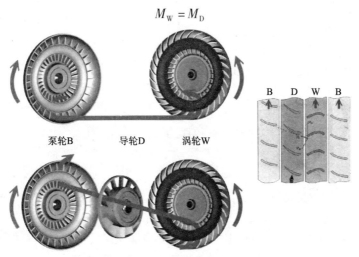

图 5-15　汽车中速行驶时力矩变化示意图

图 5-16 为汽车高速行驶时的力矩变化示意图。从图中看出当泵轮与涡轮的速度相接近时,涡流速度最小,环流速度最大,合成速度的方向变为冲击导轮的背面,此时单向离合器解除锁止,导轮随之自由转动,即:

$$M_W = M_D$$

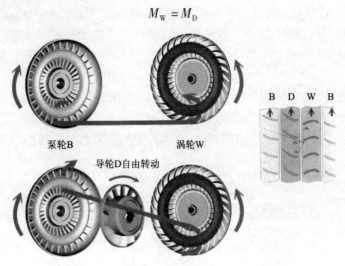

图 5-16　汽车高速行驶时力矩变化示意图

图 5-17 为液力变矩器特性曲线。从特征曲线中可以得出如下结论:

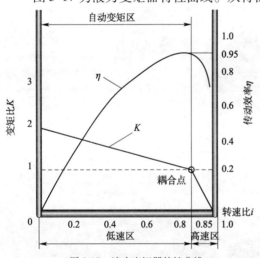

图 5-17　液力变矩器特性曲线

K-变矩比(涡轮输出转矩与泵轮输入转矩之比);i-转速比(涡轮转速与泵轮转速之比);η-传动效率(涡轮输出功率与泵轮输入功率之比)

（1）变矩比随着涡轮转速的减小而增大,即当行驶阻力大时,液力变矩器自动输出大转矩,这一特性对行驶阻力变化较大的汽车来说是非常适合的,此即所谓的适应性好。

（2）汽车起步后涡轮的转速逐渐增大,涡轮输出转矩逐渐减小,达到耦合点,即 K = 1 时,涡轮的转矩等于泵轮的转矩,此时称为耦合点。

（3）变矩器的传动效率在低速时随涡轮转速的增大而增大,在低速区虽然传动效率低,但是变矩比大,液力变矩器输出大转矩,耦合点后传动效率下降。

（四）单向离合器和锁止离合器的应用

1. 单向离合器

涡轮转速升高以后,由涡轮流出流体的绝对速度的方向改变,使这些流体冲击导轮叶片的背部而引起了导轮流进泵轮的流体的方向改变而使流体对泵轮产生了一个阻滞泵轮运动的力矩。要改变这种状况,关键是改变导轮流出流体绝对速度方向的改变。基于此,在液力变矩器中出现了单向离合器。

单向离合器又称为自由轮机构、超越离合器,其功用是实现导轮的单向锁止,即导轮只能顺时针转动而不能逆时针转动,使得液力变矩器在高速区实现耦合传动。当涡轮的转速不高,导轮力矩 $M_D \geq 0$ 时,由于涡轮出口流体力图使导轮反转(指和泵轮转向相反),此时单向离合器反向锁止,导轮被固定不动。最终使涡轮的输出力矩大于泵轮力矩。当涡轮转速再升高,涡轮出口流体开始冲击导轮叶片背部,导轮力矩 $M_D < 0$ 时,导轮旋转,导轮出口流体的绝对速度改变,使导轮输出力矩保持在 $M_D = 0$ 状态(即耦合状态)。

常见的单向离合器有楔块式和滚柱式两种结构形式。

楔块式单向离合器如图 5-18 所示,由内座圈、外座圈、楔块、保持架等组成。导轮与外座圈连为一体,内座圈与固定套管刚性连接,不能转动。当导轮带动外座圈逆时针转动时,外座圈带动楔块逆时针转动,楔块的长径与内、外座圈接触,由于长径长度大于内、外座圈之间的距离,所以外座圈被卡住而不能转动。当导轮带动外座圈顺时针转动时,外座圈带动楔块顺时针转动,楔块的短径与内、外座圈接触,由于短径长度小于内、外座圈之间的距离,所以外座圈可以自由转动。

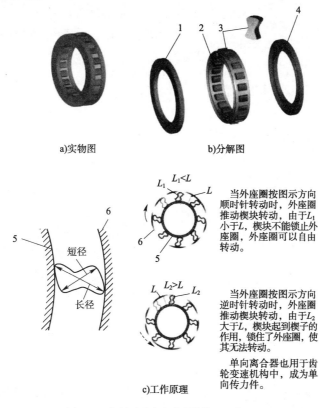

图 5-18 楔块式单向离合器结构及工作原理
1-端盖;2-保持架;3-楔块;4-端盖;5-内座圈;6-外座圈

滚柱式单向离合器如图 5-19 所示,由内座圈、外座圈、滚柱、叠片弹簧等组成。当导轮带动外座圈顺时针转动时,滚柱进入楔形槽的宽处,内、外座圈不能被滚柱楔紧,外座圈和导轮可以顺时针自由转动。当导轮带动外座圈逆时针转动时,滚柱进入楔形槽的窄处,内、外座圈被滚柱楔紧,外座圈和导轮固定不动。

2. 锁止离合器

锁止离合器(Torque Converter Clutch,简称 TCC)。锁止离合器可以将泵轮和涡轮直接连接起来,即将发动机与机械变速器直接连接起来,这样减少液力变矩器在高速比时的能量损耗,提高了传动效率,提高汽车在正常行驶时的燃油经济性,并防止 ATF 过热。

1)锁止离合器的结构

锁止离合器装在涡轮转轮毂上,位于涡轮转轮前端。减振弹簧在离合器接合时,吸收扭

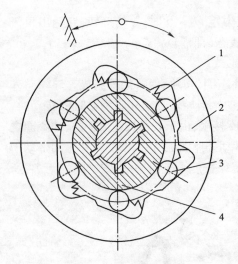

图 5-19　滚柱式单向离合器
1-叠片弹簧;2-外座圈;3-滚柱;4-内座圈

力,防止产生振动。在变矩器壳体或变矩器锁止活塞上粘有一种摩擦材料,用以防止离合器接合时打滑。锁止离合器的主动盘为变矩器壳体,从动盘是可在轴向移动的压盘,与涡轮输出轴相连,主动盘和从动盘相接触的工作面上有摩擦片,压盘右边的油液与泵轮、涡轮中的压力油相通,经驱动轮毂和固定套管之间的环形空腔与控制阀体上的锁止继动阀相通。压盘左面的油液通过变矩器输出轴中间的控制油道 B 与控制阀体总成上的锁止继动阀相通。锁止离合器的结构、原理如图 5-20 所示。当车辆在良好路面行驶,满足下面五个条件时,锁止离合器将接合:

(1)冷却液温度不低于65°;

(2)选挡杆处于 D 位,且挡位在 D2、D3 或 D4 挡;

(3)没有踩下制动踏板;

(4)车速高于 50km/h;

(5)节气门开启。

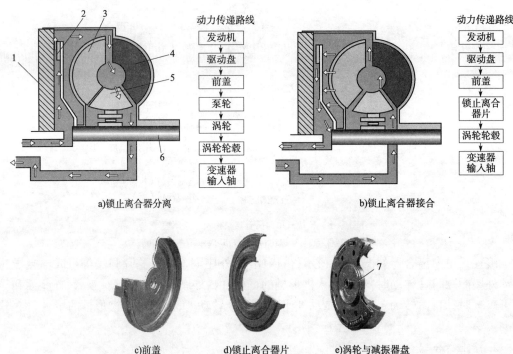

图 5-20　锁止离合器的结构及工作原理
1-前盖;2-锁止离合器片;3-涡轮;4-泵轮;5-导轮;6-变速器输入轴;7-涡轮轮毂

锁止离合器接合时,进入液力变矩器中的 ATF 按图 5-20b)所示的方向流动,使锁止活塞向前移动,压紧在液力变矩器壳体上,通过摩擦力矩使二者一起转动。此时发动机的动力经液力变矩器壳体、锁止活塞、扭转减振器、涡轮轮毂传给后面的机械变速器,相当于将泵轮和涡轮刚性连在一起,传动效率为100%。

当车辆起步、低速或在坏路面上行驶时,应将锁止离合器分离,使液力变矩器具有变矩作用。此时 ATF 按图 5-20 左上所示的方向流动,将锁止活塞与液力变矩器壳体分离,解除液力变矩器壳体与涡轮的直接连接。

锁止离合器的工作原理(图 5-20)为:当车辆低速行驶时,油液流至锁止离合器片的前端。锁止离合器片前端与后端的压力相同,使锁止离合器分离。

当车辆以中速至高速(通常 50km/h 以上)行驶时,油液流至锁止离合器的后端,锁止离合器片前后端压力不等,在油压的作用下,离合器片与前盖压紧,在摩擦力的作用下,前盖直接带动离合器片转动,通过涡轮轮毂将动力直接传递给变速器输入轴。

2)锁止离合器分离状态工作原理

锁止继动阀阀芯在弹簧力下处于下端,来自调压阀调节的变矩器油压通过锁止继动阀由变矩器输出轴,也即是行星齿轮机构的输入轴中心油道进入压盘左侧,控制离合器处于分离状态,之后变矩器工作油液经泵轮与涡轮间隙及泵轮与导轮间隙(或涡轮与导轮间隙)从驱动轮毂与固定套管环形空腔排向锁止继动阀,又经锁止继动阀通向冷却器,对变矩器内的油液进行冷却。动力须通过泵轮与涡轮传递给输出轴,如图 5-21 所示。

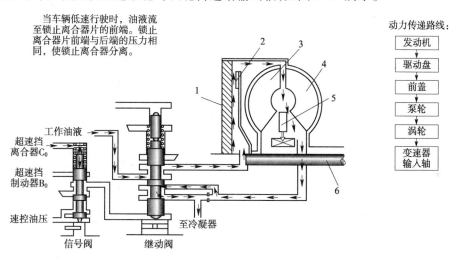

图 5-21 锁止离合器分离状态

1-前盖;2-锁止离合器片;3-涡轮;4-泵轮;5-导轮;6-变速器输入轴

3)离合器接合状态工作原理

当变矩器内锁止离合器满足锁止条件时,来自锁止信号阀的控制油压进入锁止继动阀,使锁止继动阀芯上移,变矩器工作油液经锁止继动阀由驱动轮毂与固定套管环形空腔进入变矩器,向压盘施压,而压盘左侧经变矩器输出轴中心油道,通过锁止继动阀泄油;在压力差作用下,压盘通过摩擦片压紧在主动盘上,闭锁离合器接合。动力经闭锁离合器实现机械传动,传动效率较高。在离合器接合状态,中间的导轮随同变矩器顺时针自由旋转,如图 5-22所示。

4)锁止离合器的功用

当涡轮转速达到一定值以后,它就只能工作在耦合器的工作状态,成为一个耦合器。当汽车处于高速轻载时,其效率必然很低。当汽车高速轻载时,把变矩器的泵轮和涡轮直接锁止在一起形成机械传动,充分发挥机械传动效率高的特点,汽车在良好路面行驶时,通过锁止装置把泵轮和涡轮锁止在一起,使汽车高速行驶时的效率大为提高。

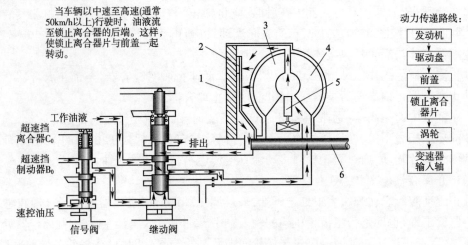

当车辆以中速至高速(通常50km/h以上行驶时),油液流至锁止离合器的后端。这样,使锁止离合器片与前盖一起转动。

动力传递路线:

发动机 → 驱动盘 → 前盖 → 锁止离合器片 → 涡轮 → 变速器输入轴

图5-22　锁止离合器结合状态

1-前盖;2-锁止离合器片;3-涡轮;4-泵轮;5-导轮;6-变速器输入轴

二、变速齿轮机构

变速齿轮机构主要包括齿轮机构和换挡执行机构两部分。变速齿轮机构所采用的型式有普通齿轮式和行星齿轮式两种。采用普通齿轮式的变速器,由于尺寸较大,最大传动比较小,只有少数车型采用。绝大多数轿车自动变速器中的齿轮变速器采用的是行星齿轮式。

行星齿轮机构,是自动变速器的重要组成部分之一,主要由太阳轮(也称中心轮)、环齿圈、行星架和行星齿轮等元件组成。行星齿轮机构是实现变速的机构,变速比的改变是通过以不同的元件作主动件/被动件和限制不同元件的运动来实现的。在速比改变的过程中,整个行星齿轮组还存在运动,动力传递没有中断,因而实现了动力换挡。

换挡执行机构主要是用来改变行星齿轮中的主动元件或限制某个元件的运动,改变动力传递的方向和速比,主要由离合器、制动器和单向离合器等组成。离合器的作用是把动力传给行星齿轮机构的某个元件使之成为主动件。制动器的作用是将行星齿轮机构中的某个元件抱住,使之不动。单向离合器也是行星齿轮变速器的换挡元件之一,其作用和离合器及制动器基本相同,也是用于固定或连接几个行星排中的某些太阳轮、行星架、环齿圈等基本元件,让行星齿轮变速器组成不同传动比的挡位。

(一)行星齿轮机构

自动变速器中的变速齿轮机构所采用的型式有普通齿轮式和行星齿轮式两种。采用普通齿轮式的变速器,由于尺寸较大,最大传动比较小,只有少数车型采用。目前绝大多数轿车自动变速器中的齿轮变速器采用的是行星齿轮式。

1.行星齿轮机构的类型

行星齿轮机构可按不同的方式进行分类。

1)按照齿轮的啮合方式分类

按照齿轮的啮合方式不同,行星齿轮机构可以分为外啮合式和内啮合式两种。外啮合式行星齿轮机构体积大,传动效率低,故在汽车上已被淘汰;内啮合式行星齿轮机构结构紧凑,传动效率高,因而在自动变速器中被广为使用。

2）按照齿轮的排数分类

按照齿轮的排数不同,行星齿轮机构可以分为单排和多排两种。多排行星齿轮机构是由几个单排行星齿轮机构组成的。汽车自动变速器中,行星排的多少因档位数的多少而有所不同,一般三挡位有两个行星排,四挡位(具有超速挡的)有三个行星排。

3）按照太阳轮和环齿圈之间的行星齿轮组数分类

按照太阳轮和环齿圈之间的行星齿轮组数的不同,行星齿轮机构可以分为单行星齿轮式和双行星齿轮式两种。

双行星齿轮机构在太阳轮和环齿圈之间有两组互相啮合的行星齿轮,其外面一组行星齿轮和环齿圈啮合,里面一组行星齿轮和太阳轮啮合。它与单行星齿轮机构在其他条件相同的情况下相比,环齿圈可以得到反向传动。

手动变速器一般用外啮合普通齿轮变速机构,而自动变速器一般用内啮合的行星齿轮机构。用行星齿轮机构作为变速机构,由于有多个行星齿轮同时传递动力,而且常采用内啮合式,充分利用了环齿圈中部的空间,故与普通齿轮变速机构相比,在传递同样功率的条件下,可以大大减小变速机构的尺寸和质量,并可实现同向、同轴减速传动;另外,由于采用常啮合传动,动力不间断,加速性好,工作也可靠。

行星齿轮机构,是自动变速器的重要组成部分之一,主要由太阳轮(也称中心轮)、环齿圈、行星架和行星齿轮等元件组成。行星齿轮机构是实现变速的机构,变速比的改变是通过以不同的元件作主动件和限制不同元件的运动而实现的。在变速比改变的过程中,整个行星齿轮组还存在运动,动力传递没有中断,因而实现了动力换挡。

2. 行星齿轮机构的基本结构

行星齿轮机构有很多类型,其中最简单的行星齿轮机构是由一个太阳轮、一个环齿圈、一个行星架和支承在行星架上的几个行星齿轮组成的,如图5-23所示。行星齿轮机构中的太阳轮、环齿圈及行星架有一个共同的固定轴线,行星齿轮支承在固定于行星架的行星齿轮轴上,并同时与太阳轮和环齿圈啮合。当行星齿轮机构运转时,空套在行星架上的行星齿轮轴上的几个行星齿轮一方面可以绕着自己的轴线旋转,另一方面又可以随着行星架一起绕着太阳轮回转,就像天上行星的运动那样,兼有自转和公转两种运动状态(行星齿轮的名称即因此而来),在行星排中,具有固定轴线的太阳轮、环齿圈和行星架称为行星排的三个基本元件。

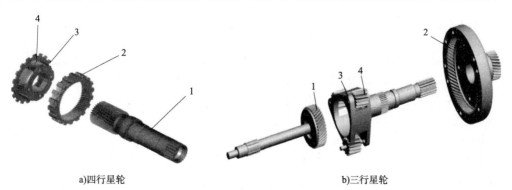

a)四行星轮　　　　　　　　　　　b)三行星轮

图5-23　行星齿轮基本组成示意图

1-太阳轮;2-齿圈;3-行星架;4-行星齿轮

行星齿轮机构按照齿轮排数不同。可以分为单排和多排行星齿轮机构。具有固定轴线的太阳轮、环齿圈和行星架组成了单排行星齿轮结构。多排行星齿轮机构一般由几个单排行星齿轮机构组成。在自动变速器中一般应用 2~3 个单排行星齿轮机构组成一个多排行星齿轮机构。但单排行星齿轮机构是分析多排行星齿轮机构的基础。

3. 单排行星齿轮机构及其传动原理

1）单排行星齿轮机构组成

如图 5-24 所示为一个单排行星齿轮机构的基本结构简图。从图中可以看出，一个单排行星齿轮机构由太阳轮、行星齿轮和行星齿轮架、环齿圈组成。由于行星齿轮和行星架是一个整体（以下简称行星架），所以，在一个行星排中只有三个基本元件：太阳轮、行星架、环齿圈。

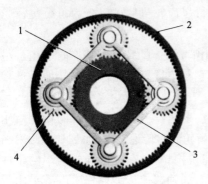

图 5-24 单排行星齿轮结构示意图
1-太阳轮；2-环齿圈；3-行星架；4-行星轮

2）单排行星齿轮机构的组合方式

由于单排行星轮机构有两个自由度，因此，它没有固定的传动比，不能直接用于变速传动，也就不能传递功率。所以，行星排在传递功率时，三元件中的一个必须被锁止，使其他二个元件中的一个为主动件，另一个为从动件。通过这两个元件才可能传递功率，也才有固定的传动比。另外，行星齿轮机构还有把三元件中任意两元件结合为一体的情况和三元件中任一元件为主动，其余的两元件自由运动两种组合方式。

综上所述。一个行星排可以得到八种不同的组合方式。见表 5-1 所示。

行星排中八种组合形式   表 5-1

状　态	挡　位	固定部件	输入部件	输出部件	旋转方向
1	降速挡	环齿圈	太阳轮	行星架	相同方向
2	超速挡	环齿圈	行星架	太阳轮	相同方向
3	降速挡	太阳轮	环齿圈	行星架	相同方向
4	超速挡	太阳轮	行星架	环齿圈	相同方向
5	倒挡位（降速）	行星架	太阳轮	环齿圈	相反方向
6	倒挡位（超速）	行星架	环齿圈	太阳轮	相反方向
7	直接挡	没有	任意两个	第三元件	同向同速
8	空挡位	没有	不定	不定	不转动

（1）环齿圈固定，太阳轮主动，行星架被动。

（2）环齿圈固定，行星架主动，太阳轮被动。

（3）太阳轮固定，环齿圈主动，行星架被动。

（4）太阳轮固定，行星架主动，环齿圈被动。

（5）行星架固定，太阳轮主动，环齿圈被动。

（6）行星架固定，环齿圈主动，太阳轮被动。

（7）把三元件中任意两元件结合为一体的情况：当把行星架和环齿圈结合为一体作为主动件，太阳轮为被动件或者把太阳轮和行星架结合为一体作为主动件，环齿圈作为被动件的运动情况。行星齿轮间没有相对运动，作为一个整体运转，传动比为 1，转向相同。汽车上常用此种组合方式产生直接挡。

（8）三元件中任一元件为主动，其余的两元件自由：从分析中可知，其余两元件无确定的转速输出。

上述八种组合方式中，第六种组合方式由于升速较大，主被动件的转向相反，在汽车上通常不用。其余的七种组合方式比较常用。

3）传动比的基本计算

行星排在运转时，由于行星轮存在自转和公转两种运动状态，因此其传动比的计算方法和定轴式齿轮传动机构的计算方法稍有不同。其传动比计算方法包括两种，一种是根据定轴式齿轮传动计算传动比的模式来计算，当行星架作为主动件或从动件时，赋予行星架一个当量齿数，就可以直接计算传动比；另一种计算方法是根据单排行星轮的运动特性方程来进行计算。两者殊途同归。

（1）直接计算。

传动比的计算公式：

$$传动比(i) = \frac{从动件齿数}{主动件齿数} = \frac{主动件转速}{从动件转速} \tag{5-3}$$

由于行星轮总是作为惰轮传动，所以其齿数不影响行星齿轮组的传动比。行星齿轮组的传动比是由行星架、环齿圈及太阳轮的齿数决定的（由于行星架并非齿轮。没有齿数，故其齿数为当量齿数）。

行星架齿数计算公式：

$$Z_C = Z_1 + Z_2 \tag{5-4}$$

式中：Z_C——行星架当量齿数；

Z_1——太阳轮齿数；

Z_2——环齿圈齿数。

例如：当太阳轮固定，环齿圈作为主动件，行星架作为从动件传动时，行星齿轮组的传动比为：

$$传动比 = \frac{从动件齿数}{主动件齿数} = \frac{行星架当量齿数(Z_C)}{齿圈齿数(Z_2)} = \frac{Z_1 + Z_2}{Z_2}$$

直接计算示例，设：$Z_1 = 24$、$Z_2 = 56$，则 $Z_C = Z_1 + Z_2 = 80$。

则前六种组合方式的传动比分别为：

①环齿圈锁上或制动。

A：太阳轮为主动件：

$$i_a = \frac{Z_C}{Z_1} = \frac{80}{24} = 3.33 > 1$$

B：行星架为主动件：

$$i_b = \frac{Z_1}{Z_C} = \frac{24}{80} = 0.3 < 1$$

②太阳轮制动。

A：环齿圈为主动件：

$$i_C = \frac{Z_C}{Z_2} = \frac{80}{56} = 1.43 > 1$$

B：行星架为主动件：

$$i_d = \frac{Z_2}{Z_C} = \frac{56}{80} = 0.7 < 1$$

③行星架制动。

A：太阳轮为主动件：

$$i_e = \frac{Z_2}{Z_1} = \frac{56}{24} = 2.33 > 1$$

B：环齿圈为主动件：

$$i_f = \frac{Z_1}{Z_2} = \frac{24}{56} = 0.43 < 1$$

（2）根据运动特性方程直接计算。

设太阳轮、环齿圈和行星架的齿数和转速分别为 Z_1、Z_2、Z_c 和 n_1、n_2 和 n_3，则根据能量守恒定律，由作用在该机构各元件上的力矩和结构参数可导出表示单排行星齿轮机构一般运动规律的特性方程式：

$$n_1 + \alpha n_2 = (1 + \alpha) n_3 \tag{5-5}$$

式中：

$$\alpha = \frac{Z_2}{Z_1}$$

由式(5-5)可知，由于单排行星齿轮机构具有两个自由度，在三个基本件中，任选两个分别作为主动件和从动件，而使另一元件固定不动(该元件转速为0)或使其运动受到一定的约束(该元件的转速为定值)，则机构只有一个自由度，整个轮系将以一定的传动比传递动力。

①太阳轮为主动件，行星架为从动件，环齿圈固定。

如图 5-25a)所示，特性方程中 $n_2 = 0$，因此 $n_1 - (1 + \alpha) n_3 = 0$，传动比 $i = n_1/n_3 = 1 + \alpha$。即传动比 i 大于1且为正值，同向降速。

②行星架为主动件，太阳轮为从动件，环齿圈固定。

如图 5-25b)所示，特性方程中 $n_2 = 0$，因此 $n_1 - (1 + \alpha) n_3 = 0$，传动比 $i = n_3/n_1 = 1/(1 + \alpha)$。即传动比 i 小于1且为正值，同向升速。

③环齿圈为主动件，行星架为从动件，太阳轮固定。

如图 5-25c)所示，特性方程中 $n_1 = 0$，因此 $\alpha n_2 - (1 + \alpha) n_3 = 0$，传动比 $i = n_2/n_3 = (1 + \alpha)/\alpha$。即传动比大于1且为正值，同向降速。

④行星架为主动件，环齿圈为从动件，太阳轮固定。

如图 5-25d)所示，特性方程中 $n_1 = 0$，因此 $\alpha n_2 - (1 + \alpha) n_3 = 0$，传动比 $i = n_3/n_2 = \alpha/(1 + \alpha) < 1$。传动比小于1且为正值，因此同向升速。

⑤太阳轮为主动件，环齿圈为从动件，行星架固定。

如图 5-25e)所示，特性方程中 $n_3 = 0$，因此 $n_1 + \alpha n_2 = 0$，传动比 $i = n_1/n_2 = -\alpha$，因传动比为负值，所以反向传力。(两个齿轮相互啮合，如果是外啮合，它们旋向是相反的。如果是内啮合则它们的旋向是相同的)。

⑥行星架固定，环齿圈为主动件，太阳轮为从件动。

如图 5-25f)所示，特性方程中 $n_3 = 0$，因此 $n_1 + \alpha n_2 = 0$，传动比 $i = n_2/n_1 = -1/\alpha$，因传动比为负值，所以反向传力。

⑦任意两元件互相连接。

任意两元件互相连接，也就是说 $n_1 = n_2$ 或 $n_2 = n_3$，则由运动特性方程可知，第三个基本元件的转速必与前两个基本元件的转速相同，即行星排按直接挡传动，传动比 $i = 1$。

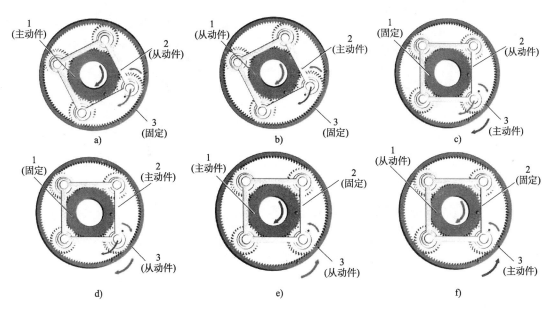

图 5-25　行星齿轮传动比计算示意图
1-太阳轮；2-行星架；3-环齿圈

⑧任一个为主动件。

任一个为主动件，无夹持部件，该机构有两个自由度，因此不论以哪两个基本元件为主动件、从动件，都不能传递动力，处于空挡状态。

4）六种组合行星齿轮机构的变速原理

由于单排行星齿轮机构有两个自由度，因此它没有固定的传动比，不能直接用于变速传动。为了组成具有一定传动比的传动机构，必须将太阳轮、环齿圈和行星架这三个基本元件中的一个加以固定（即使其转速为 0；也称为制动），或使其运动受到一定的约束（即让该构件以某一固定的转速旋转），或将某两个基本元件互相连接在一起（即两者转速相同），使行星排变为只有一个自由度的机构，获得确定的传动化。图 5-26 为超速、减速和倒挡条件下的组合及传动示意图。

5）行星齿轮变速器结构和工作原理

不同车型自动变速器中行星齿轮变速器在结构上有很大差异，主要表现在：前进挡的挡数不同，离合器、制动器、单向离合器的数目和布置方式不同，采用的行星齿轮机构的类型不同。前进挡的数目越多，离合器、制动器、单向离合器的数目就越多。而它们的布置方式主要取决于行星齿轮变速器的前进挡挡位数和行星齿轮机构的类型。目前，轿车上广泛采用的行星齿轮机构的类型主要有辛普森式和拉维奈尔赫式两种。

（1）辛普森式行星齿轮机构的结构。

目前大部分轿车都采用这种行星齿轮机构，辛普森式行星齿轮机构采用双行星排，举一种行星齿轮机构为例，其结构特点是：前、后两个行星排的太阳轮连成一个整体，称为太阳轮组件；前排的行星架和后排的环齿圈连成一体，称为前行星架和后环齿圈组件。通常输出轴与该组件相连。图 5-27 为辛普森行星齿轮机构啮合方式示意图。该行星机构只有 4 个独立元件：前排环齿圈，前、后太阳轮组件，后排行星架和前行星架后环齿圈组件。根据前进挡的挡数不同，可将辛普森式行星齿轮变速器分为三挡和四挡两种。

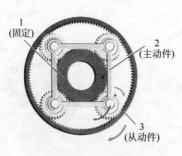

a)当太阳轮固定，行星架输入，齿圈输出时，为超速传动，传动比一般为0.6~0.8，行星架与齿圈转向相同(超速)

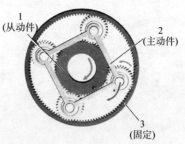

b)当齿圈固定，行星架输入，太阳轮输出时，为超速传动，传动比一般为0.2~0.4，行星架与太阳轮转向相同(超速)

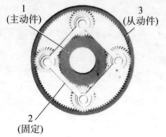

c)当行星架固定，太阳轮输入齿圈输出时，为减速传动，传动比一般为1.5~4，太阳轮与齿圈转向相反(倒挡)

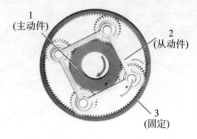

d)当齿圈固定，太阳轮输入，行星架输出时，为减速传动，传动比一般为2.5~5，太阳轮与行星架转向相同(减速)

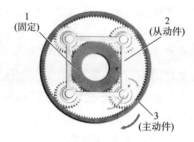

e)当太阳轮固定，齿圈输入，行星架输出时，为减速传动，传动比一般为1.25~1.67，齿圈与行星架转向相同(减速)

图 5-26　超速、减速和倒挡条件下的组合及传动示意图
1-太阳轮；2-行星架；3-环齿圈

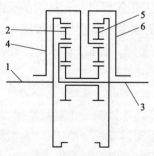

图 5-27　辛普森式行星齿轮机构啮合方式
1-前环齿圈；2-前行星齿轮；3-前行星架和后环齿圈组合；4-前、后太阳轮组件；5-后行星架；6-后行星齿轮架

图 5-28 为三挡辛普森式三挡行星齿轮变速器示意图。辛普森式齿轮变速器设有 5 个换挡执行元件：2 个离合器、2 个制动器、1 个单向离合器，使之成为具有 3 个前进挡和 1 个倒挡的行星齿轮变速器。

前进离合器 C_2 连接输入轴和前环齿圈，倒挡及高速挡离合器 C_1 用于连接输入轴和前、后太阳轮组件，二挡制动器 B_1 用于固定前、后太阳轮组件，倒挡及低速挡制动器 B_2 和低速挡单行离合器 F_1 都用于固定后行星齿轮架。

（2）拉维奈尔赫式齿轮机构。

拉维奈尔赫式齿轮机构有一些胜过辛普森式齿轮机构的优点。主要是结构紧凑，由于相互啮合的齿数较多，因此传递的扭矩较大。缺点是结构较复杂，工作原理更难理解。

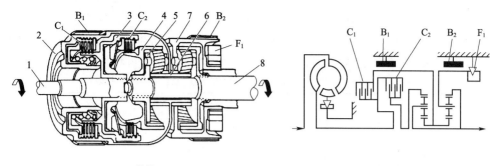

a)结构   b)换挡执行件的布置

图5-28　辛普森式三挡行星齿轮变速器

1-输入轴;2-倒挡及高速挡离合器鼓;3-前进离合器鼓及倒挡及高速挡离合器毂;4-前进离合毂和前环齿圈;
5-前行星齿轮架;6-前后太阳轮组件;7-后行星齿轮架和低速挡及倒挡制动器毂;8-输出轴;C_1-倒挡及高速挡
离合器;C_2-前进制动器;B_1-2挡制动器;B_2-低速挡及倒挡制动器;F_1-低速挡单向超越离合器

它是由一个单行星排与一个双行星排组合而成的复合式行星机构,共用一行星架、长行星轮和环齿圈,故它只有四个独立元件。其特点是:构成元件少、转速低、结构紧凑、轴向尺寸短、尺寸小、传动比变化范围大、灵活多变、适合FF(前置发动机前轮驱动)式布置。图5-29和图5-30分别为其组成示意图和结构示意图。表5-2为拉维奈尔赫式四挡行星齿轮变速器挡位与执行元件工作关系表。

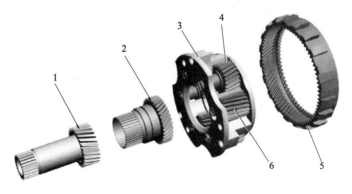

图5-29　拉维奈尔赫式行星齿轮组成示意图

1-小太阳轮;2-大太阳轮;3-行星架;4-短行星齿轮;5-齿圈;6-长行星齿轮

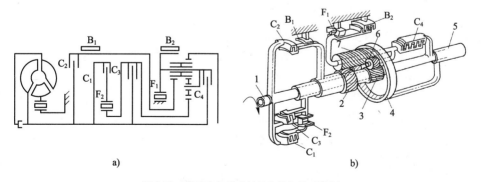

a)   b)

图5-30　拉维奈尔赫式行星齿轮机构示意图

1-输入轴;2-大太阳轮;3-小太阳轮;4-环齿圈;5-输出轴;6-短行星齿轮;7-长行星齿轮;C_1-前进离合器;C_2-倒挡离合器;C_3-前进强制离合器;C_4-高速挡离合器;B_1-2挡四挡制动器;B_2-抵速挡换挡制动器;F_1-低速挡单向离合器;F_2-前进单向离合器

在拉维奈尔赫式三挡行星齿轮变速器的输入轴和太阳轮之间增加一个前进强制离合器 C_3，在前进挡离合器 C_1 从动部分与后太阳轮之间增加一个前进单向离合器 F_2，在输入轴和行星架之间增加高速挡离合器 C_4，即成为具有超速挡的四挡行星齿轮变速器。

拉维奈尔赫式四挡行星齿轮变速器挡位与执行元件工作关系表　　　　表 5-2

换挡手柄位置	挡位	换挡执行元件							
		C_1	C_2	C_3	C_4	B_1	B_2	F_1	F_2
D	1 挡	○						○	○
	2 挡	○				○			○
	3 挡	○			○				○
	超速挡	●			○	○			
R	倒挡		○				○		
S、L 或 2、1	1 挡			○			○		
	2 挡			○		○			
	3 挡			○	○				

注：○ 为元件工作；● 为元件接合或制动，但不传递动力。

拉维奈尔赫式四挡行星齿轮变速器各挡动力传递路线：

①前进 1 挡、2 挡（D 位 1 挡、2 挡）前进离合器 C_1 接合，动力经 C_1 和前进单向离合器 F_2 传至后太阳轮。

A.1 挡时，因行星架被单向离合器 F_1 锁止，发动机动力再经短行星轮、长行星轮传给环齿圈和输出轴。

B.2 挡时，因前太阳轮被制动器 B_1 制动，发动机动力经由后太阳轮传至短行星轮、长行星轮、行星架，再传给环齿圈和输出轴。各件的具体工作情况及传动比与拉维奈尔赫式三挡行星齿轮变速器相同。

当汽车滑行时，单向离合器 F_2 处于脱离状态，后太阳轮可自由转动，行星齿轮变速器失去反向传递动力的能力，前进 1 挡、2 挡均没有发动机制动作用。

②手动 1 挡、2 挡（1、2 位或 L、S 位）。

A.前进强制离合器 C_3 接合，发动机动力经 C_3 直接传至后太阳轮，此时 C_3 的作用与拉维奈尔赫式三挡行星齿轮变速器中的前进离合器 C_1 相同。

B.手动 1 挡时，低速挡及倒挡制动器 B_2 工作，行星架被固定，动力传递路线与 D 位 1 挡相同。但在汽车滑行时，可利用发动机制动。

C.手动 2 挡时，2 挡制动器 B_1 工作，前太阳轮被制动，动力传递路线与 D 位 2 挡相同。在汽车滑行时，同样可利用发动机进行制动。

③前进 3 挡（D 位 3 挡）。

A.前进离合器 C_1、高速挡离合器 C_4 同时接合，后太阳轮与行星架被联结成一体，形成直接挡，传动比等于 1。发动机动力由输入轴经离合器 C_1、C_4 至后太阳轮、短行星轮、长行星轮、环齿圈到输出轴。

B.当汽车滑行时，单向离合器 F_2 处于脱离状态，后太阳轮可自由转动，故该挡也没有发动机制动作用。

④手动 3 挡（L、S 位或 1、2 位）。

A.前进强制离合器 C_3、高速挡离合器 C_4 均接合，后行星排中两个元件互相连接，成为直接挡,动力经离合器 C_3、C_4 传递,其路线与 D 位 3 挡相同。

B.汽车滑行时,离合器 C_3 和 C_4 均能反向传递动力,故可利用发动机产生制动作用。

⑤前进 4 挡(D 位超速挡)。

高速挡离合器 C_4 接合,输入轴与行星架连接,前制动器 B_1 工作,前太阳轮被固定。动力经由离合器 C_4 传至行星架,长行星轮被行星架带动作顺时针公转的同时也产生自转,并驱动环齿圈和输出轴向顺时针方向旋转,传动比小于1,故为超速挡。

⑥倒挡。

倒挡离合器 C_2、低挡及倒挡制动器 B_2 同时工作。

(二)换挡执行机构

内啮合式的行星齿轮机构,不管是辛普森式的行星排或是拉维奈尔赫式的行星排,都是通过对行星排基本独立元件采取不同的约束,就可以改变传动关系而得到不同的传动比,使自动变速器得到不同的挡位。对行星排各基本独立元件进行约束的机构,就是换挡执行机构。

换挡执行机构主要是用来改变行星齿轮中的主动元件或限制某个元件的运动,改变动力传递的方向和变速比,主要由离合器、制动器和单向离合器三种不同的执行元件组成。换挡执行机构对行星排基本独立元件的约束有三种形式,即连接、固定和锁止。第一种是连接,即指将自动变速器的输入轴与行星排中的某个独立元件连接,以传递动力,或将前一个行星排的某个独立元件与后一个行星排的某个基本独立元件连接,以约束这两个基本独立元件的运动;第二种是制动,制动是将行星齿轮机构中的某一个基本独立元件与自动变速器壳体连接,使其被固定而不能转动。第三种是锁止,即将一个行星排中三个基本独立元件中的两个元件连接起来,使第三个元件与连接件具有相同的转速,这样,可以把这个行星排视为一个整体,实现直接传动。锁止的另一个含义是把行星排中的某一个元件的运动方向锁止,使之只能向另一个方向旋转。

1.离合器的结构与原理

离合器是换挡执行机构中进行连接的主要元件。离合器连接输入轴与行星齿轮机构,把液力变矩器输出的动力传递给行星齿轮机构;或把行星排的某两个元件连接在一起,使之成为一个整体。行星齿轮变速器换挡执行机构中的离合器,按工作原理的不同,有片式离合器和爪型离合器之分。其中片式离合器较为常用,而且较多地使用多片湿式离合器,爪型离合器使用较少。

1)多片湿式离合器的结构与原理

多片湿式离合器是自动变速器中最重要的换挡执行元件之一,它通常由离合器鼓、离合器活塞、复位弹簧、弹簧座、一组钢片、一组摩擦片、调整垫片、离合器毂及几个密封圈组成。其结构及组成如图 5-31 所示。

离合器活塞安装在离合器鼓内,它是一种环状活塞,由活塞内外圆的密封圈保证其密封,从而和离合器鼓一起形成一个封闭的环状液压缸,并通过离合器内圆轴颈上的进油孔和控制油道相通。钢片和摩擦片交错排列,两者统称为离合器片。钢片的外花键齿安装在离合器鼓的内花键齿圈上,可沿环齿圈键槽做轴向移动;摩擦片由其内花键齿与离合器毂的外花键齿连接,也可沿键槽做轴向移动。摩擦片的两面均为摩擦系数较大的铜基粉末冶金层或合成纤维层。

离合器鼓或离合器毂分别以一定的方式和变速器输入轴或行星排的某个基本元件相连接,一般离合器毂为主动件,离合器鼓为从动件。当来自控制阀的液压油进入离合器液压缸时,作用在离合器活塞上液压油的压力推动活塞,使之克服复位弹簧的弹力而移动,将所有的钢片和摩擦片相互压紧在一起;钢片和摩擦片之间的摩擦力使离合器鼓和离合器毂连接为一个整体,分别与离合器鼓和离合器毂连接的输入轴或行星排的基本元件也因此被连接在一起,此时离合器处于接合状态。

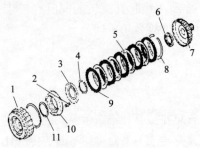

a)结构示意图　　　　　　　　　　　　　b)实物拆解图

图5-31　湿式多片离合器示意图

1-离合器鼓;2-复位弹簧;3-弹簧座;4-卡环;5-摩擦片(内花键);6-止推轴承;7-离合器毂;8-卡环;9-钢片(外花键);10-离合器活塞;11-密封圈

当液压控制系统将作用在离合器液压缸内的液压油的压力解除后,离合器活塞在复位弹簧的作用下压回液压缸的底部,并将液压缸内的液压油从进油孔排出。此时钢片和摩擦片相互分离,两者之间无压力,离合器鼓和离合器毂可以朝不同的方向或以不同的转速旋转,离合器处于分离状态。图5-32为离合器接合及分离状态示意图。此时,离合器活塞和离合器片或离合器片和卡环之间有一定的轴向间隙,以保证钢片和摩擦片之间无任何轴向压力,这一间隙称为离合器的自由间隙,其大小可以用挡圈的厚度来调整。一般离合器自由间隙的标准为0.5~2.0mm,离合器自由间隙标准的大小取决于离合器的片数和工作条件。通常离合器片数越多或该离合器的交替工作越频繁,其自由间隙就越大。

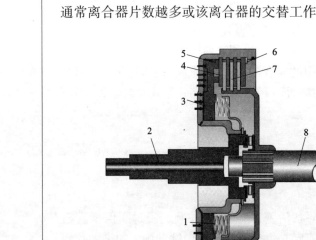
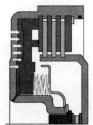
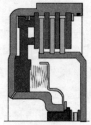

接合:当活塞左腔有油压时,活塞克服复位弹簧力的作用左移,将摩擦片与钢片压紧,离合器接合产生摩擦力,动力从输入轴传递到输出轴。

b)离合器接合

分离:当活塞左腔无油压时,活塞在复位弹簧的作用下右移,钢片与摩擦片之间无压紧力,离合器分离,动力无法从输入轴向输出轴传递。

a)离合器组成　　　　　　　　　　　　c)离合器分离

图5-32　离合器接合及分离状态示意图

1-复位弹簧;2-输入轴;3-活塞;4-钢片;5-密封圈;6-卡环;7-摩擦片;8-输出轴

有些离合器在活塞和钢片之间有一个碟形环。它具有一定的弹性,可以减缓离合器接合时的冲击力。

离合器处于分离状态时,其液压缸内仍残留有少量液压油。由于离合器鼓是和变速器输入轴或行星排某一基本元件一同旋转的,残留在液压缸内的液压油在离心力的作用下会被甩向液压缸外缘处,并在该处产生一定的油压。若离合器鼓的转速较高,这一压力有可能推动离合器活塞压向离合器片,使离合器处于半接合状态,导致钢片和摩擦片因互相接触摩擦而产生不应的磨损,影响离合器的使用寿命。为了防止这种情况出现,在离合器活塞或离合器鼓的液压缸壁面上设有一个由钢球组成的单向阀。当液压油进入液压缸时,钢球在油压的推动下压紧在阀座上,单向阀处于关闭状态,保证了液压缸密封;当液压缸内的油压被解除后,单向阀钢球在离心力的作用下离开阀座,使单向阀处于开启状态,残留在液压缸内的液压油在离心力的作用下从单向阀的阀孔中流出,保证了离合器的彻底分离,单向阀的位置及不同工作状态原理如图5-33所示。

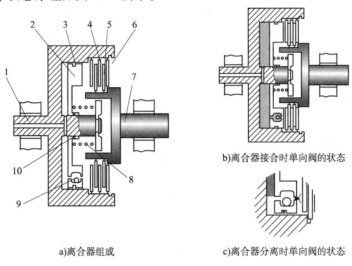

a)离合器组成　　　　　　　　　　b)离合器接合时单向阀的状态

c)离合器分离时单向阀的状态

图5-33　单向阀的位置及不同工作状态示意图

1-输入轴;2-活塞;3、10-密封圈;4-钢片;5-摩擦片;6-卡环;7-输出轴;8-复位弹簧;9-单向阀

当离合器处于结合状态,互相压紧在一起的钢片和摩擦片之间要有足够的摩擦力,以保证传递动力时不产生打滑现象。离合器所能传递的动力的大小主要取决于摩擦片的面积、片数及钢片和摩擦片之间的压紧力。钢片和摩擦片之间压紧力的大小由作用在离合器活塞上的液压油的油压及活塞的面积决定。当压紧力一定时,离合器所能传递的动力的大小就取决于摩擦片的面积和片数。在同一个自动变速器中通常有几个离合器,它们的直径、面积基本上相同或相近,但它们所传递的动力的大小往往有很大的差异。为了保证动力的传递,每个离合器所使用的摩擦片的片数也各不相同。离合器所要传递的动力越大,其摩擦片的片数就应越多。一般离合器摩擦片的片数为2~6片。离合器钢片的片数应等于或多于摩擦片的片数,以保证每个摩擦片的两面都有钢片。此外,同一厂家生产的同一类型的自动变速器可以在不改变离合器外形、尺寸的情况下,通过增减各个离合器摩擦片的片数来形成不同型号的自动变速器,以满足不同排量车型的使用要求。在这种情况下,当减少或增加摩擦片的片数时,要相应增加或减少钢片的个数或增减调整垫片的厚度,以保证离合器的自由间隙不变。因此,有些离合器在相邻两个摩擦片之间装有两片钢片,这是为了保证自动变速器在改型时的灵活性,并非漏装了摩擦片。

2）爪型离合器的结构与原理

爪型离合器是利用齿进行啮合的离合器,力矩的传递可以是两个方向也可以是单方向的。这种离合器与摩擦离合器不同,它的力矩传递是靠齿啮合进行的,全无滑动,传递准确。其缺点是在离合器离合时伴有冲击,切断动力传递需要较大的力。然而,因为其结构简单,力矩传递容量大,所以可以用在转速或传递力矩被切断时进行通断的前进与后退的换挡上。

图 5-34 所示是一种爪型离合器的结构,爪型套靠液压伺服缸活塞移动。图中所示是中间轴与中间倒挡齿轮相啮合的位置。伺服缸活塞工作时,液压离合器 C 的回路释放,倒挡齿轮的力矩传递中断,爪型套便容易动作。

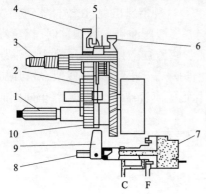

图 5-34　爪型离合器的转换机构
1-主轴;2-后退怠速齿轮;3-中间轴;4-中间轴倒挡齿轮;5-爪型套;6-中间轴前进齿轮;7-伺服缸活塞;8-拨叉轴;9-拨叉;10-主倒挡齿轮

2. 制动器的结构与原理

制动器是一种起制动约束作用的机构,它将行星齿轮机构中的太阳轮、环齿圈和行星架这三个基本元件之一与变速器壳体相连,使该元件被约束固定而不能旋转。制动器的结构型式较多,目前最常见的是带式制动器和片式制动器两种。

1）带式制动器的结构与工作原理

带式制动器是利用围绕在鼓周围的制动带收缩而产生制动效果的一种制动器。带式制动器的优点是:有良好的抱合性能;占用变速器较小的空间;当制动带贴紧旋转时,会产生一个使制动鼓停止旋转的所谓自增力作用的楔紧作用。

（1）带式制动器结构组成。

带式制动器又称为制动带,它主要由制动鼓、制动带、液压缸及活塞等组成,如图 5-35 所示。

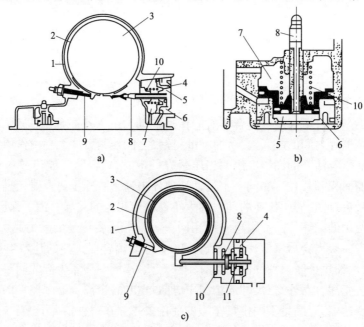

图 5-35　带式制动器结构组成示意图
1-变速器壳体;2-制动带;3-制动鼓;4-活塞;5-液压缸施压腔;6-液压缸端盖;7-液压缸释放腔;8-推杆;9-调整螺钉;10-复位弹簧;11-内弹簧

（2）制动带的结构型式。

带式制动器中的制动带是制动器的关键元件之一,它是由在卷绕的钢带底板上粘接摩擦材料所制成的,钢带的厚度约为 0.76~2.64mm。厚的钢带能产生大的夹紧力,用于发动机功率大的汽车自动变速器。薄的钢带能施加的夹紧力小,但因其柔性好,自增力作用强,所以能产生较大的制动力。

粘接在钢带内表面上的摩擦材料,其摩擦性能对自动变速器的性能来说是十分重要的。用于自动变速器的摩擦材料有多种类型,在商用汽车上一般采用硬度较高的铜基粉末冶金材料和半金属摩擦材料,在小客车上采用纸基摩擦材料。纸基摩擦材料由纤维素纤维、酚醛树脂和填充剂组成。酚醛树脂作为黏接剂,将纤维素纤维连接成连续的基体。填充剂用来增加材料的强度、提高摩擦性能和耐磨性。自动变速器摩擦材料的填充剂有石墨、金属和陶瓷材料的粉末。现代的纸基摩擦材料已经可以用作重载下工作的摩擦元件,摩擦性能稳定,且纤维素纤维资源丰富,成本低,制造摩擦材料的工艺也较简单,可以降低自动变速器的造价,因而得到广泛的应用。

（3）带式制动器的工作原理。

带式制动器的制动鼓与行星齿轮机构的某一个基本元件相连接,并随之一起转动。制动带的一端支承在变速器壳体上的制动带支架或制动带调整螺钉上,另一端与液压缸活塞上的推杆连接。液压缸被活塞分隔为施压腔和释放腔两部分,分别通过各自的控制油道与控制阀相通。制动带的工作由作用在活塞上的液压油压力所控制。当液压缸的施压腔和释放腔内均无液压油时,带式制动器不工作,制动带与制动鼓之间有一定的间隙,制动鼓可以随着与它相连接的行星排基本元件一同旋转。当液压油进入制动器液压缸的施压腔时,作用在活塞上的液压油压力推动活塞,使之克服复位弹簧的弹力而移动,活塞上推杆随之向外伸出,将制动带箍紧在制动鼓上,于是制动鼓被固定住而不能旋转,此时制动器处于制动状态。在制动器处于制动状态且有液压油进入液压缸的释放腔时,由于释放腔一侧的活塞面积大于施压腔一侧的活塞面积,活塞两侧所受的液压压力不相等,释放腔一侧的压力大于施压腔一侧的压力,因此活塞在这一压力差及复位弹簧弹力的共同作用下后移,推杆随之回缩,制动带被放松,使制动器由制动状态转成释放状态。这种控制方式可以使控制系统得到简化。当带式制动器不工作或处于释放状态时,制动带与制动鼓之间应有适当的间隙,间隙太大或太小都会影响制动器的正常工作。这一间隙的大小可用制动带调整螺钉来调整。在装复时,一般将螺钉向内拧紧至一定力矩,然后再退回规定的圈数（通常为 2~3 圈）。

带式制动器结构简单、轴向尺寸小,维修方便,在早期的自动变速器中应用较多;但它的工作平顺性较差。为了克服这一缺陷,可在控制油路中设置缓冲阀或减振阀,使之在开始结合时液压缸内的油压能缓慢上升,以缓和制动力的增长速度,改善工作平顺性。

（4）伺服机构的结构与工作原理。

伺服机构是一种自动控制机构,它能以一定的精度自动按照输入信号的变化规律动作。对于带式制动器的伺服机构来说,要根据节气门信号和转速信号自动地调节作用力。伺服机构由伺服油缸和伺服杆系组成。

①伺服油缸。

伺服油缸由缸筒、活塞和复位弹簧等主要零件组成。伺服油缸起作用以夹紧和松开变速器的制动带的方式有以下几种。

油压作用在与弹簧力相反的一侧。当油压作用在活塞上,活塞所受的推力克服弹簧的弹力向右运动,并推动作用杆使制动带夹紧制动鼓,如图5-36a)所示。当作用在活塞上油压被切断并被泄放掉时,作用在活塞另一侧的弹簧弹力推动活塞左移,使活塞回到原先的位置,制动器放松,如图5-36b)所示。这是一种最简单的结构。其优点是制动器结合比较平稳,要求制动器不起作用时,分离比较迅速。

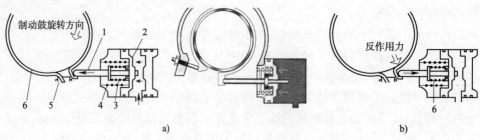

图5-36　带式制动器的缓冲结构
1-顶杆;2-活塞;3-内弹簧;4-外弹簧;5-制动器壳体;6-制动带

②伺服杆系。

伺服杆系是连接制动伺服油缸和制动带的杠杆系统,有直杆式、杠杆式、悬臂梁式等型式。

A. 直杆式:这种型式的作用杆是一根直推杆,直接将伺服油缸的力传给制动带的自由端。这种型式杆系只有在制动鼓受最大扭矩作用时,因伺服油缸的尺寸足够大,使变速器内有空间安装直杆时才采用。

B. 杠杆式:杠杆式杆系是用一个杠杆推动制动带的作用推杆。这种杆系用在因变速器壳空间位置所限制,不能安装直杆式伺服杆系的地方。这种杆系改变了活塞杆推力的作用方向,同时也增大了作用在制动带上的推力。

C. 悬臂梁式:这种伺服杆系用一个摇臂和一个作用于制动带两端的悬臂将伺服油缸的作用杆和制动带连接起来,制动带没有固定支座。当活塞的作用力施加到作用杆上时,通过摇臂、悬臂梁和推杆将制动带收紧。因为制动带由推杆和悬臂梁相向夹紧,所以悬臂梁式伺服杆系像杠杆式伺服杆系那样起到增大作用力的作用。同时由于制动带能自动定心和平稳地绕着制动鼓收缩,所以制动带作用平顺,磨损减少。

2)片式制动器的结构与工作原理

片式制动器由制动鼓、制动器活塞、复位弹簧、钢片、摩擦片及制动毂等部件组成。其基本件组成,如图5-37所示。它的工作原理和多片湿式离合器基本相同,但片式制动器的制动鼓(相当于离合器鼓)固定在变速器壳体上如图5-38所示。钢片通过外花键齿安装在固定于变速器壳体上的制动鼓内花键环齿圈中,或直接安装在变速器壳体上的内花键环齿圈中,摩擦片则通过内花键齿和制动鼓上的外花键齿连接。当制动器不工作时,钢片和摩擦片之间没有压力,制动毂可以自由旋转。当制动器工作时,来自控制阀的液压油进入制动毂内的液压缸中,油压作用在制动器活塞上,推动活塞将制动器摩擦片和钢片夹紧在一起,与行星排某一基本元件连接的制动毂就被固定住而不能旋转。

片式制动器的工作平顺性优于带式制动器,因此近年来在轿车自动变速器中,采用片式制动器的越来越多。另外,片式制动器也易于通过增减摩擦片的片数来满足不同排量发动机的要求。

3. 单向离合器的结构与工作原理

单向离合器又称单向啮合器或自由轮离合器,与其他离合器的区别是,单向离合器无须控制机构,它是依靠其单向锁止原理来发挥固定或连接作用的,力矩的传递是单方向的,其连接和固定完全由与之相连接元件的受力方向所决定,当与之相连接元件的受力方向与锁止方向相同时,该元件即被固定或连接;当受力方向与锁止方向相反时,该元件即被释放或脱离连接,即在驱动轴与从动轴之间,只能使从动轴作一个方向回转,反方向具有空转机能。

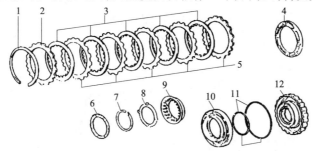

图 5-37 片式制动器基本组成零部件

1-卡簧;2-法兰;3-摩擦片;4-活塞套筒;5-钢片;6-推力垫;7-卡簧;8-弹簧座;9-复位弹簧;10-活塞;11-O 形圈;12-制动毂

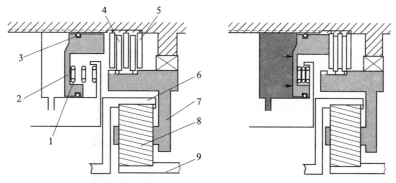

图 5-38 制动器结构及工作过程示意图

1-复位弹簧;2-活塞;3-密封圈;4-摩擦片;5-钢片;6-齿圈;7-行星架;8-行星齿轮;9-太阳轮

目前离合器的主要结构有:棘轮式、滚柱式与楔块式(斜撑式)。

1)棘轮式

它主要由棘轮、主动棘爪、止回棘爪和机架等组成,如图 5-39 所示。

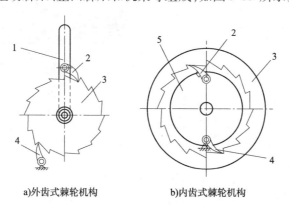

a)外齿式棘轮机构   b)内齿式棘轮机构

图 5-39 棘轮式单向离合机构

1-主动摆杆;2-主动棘爪;3-棘轮;4-止回棘爪;5-拨盘

工作过程:当主动摆杆 1 顺时针摆动时,摆杆上铰接的主动棘爪 2 插入棘轮 3 的齿内,推动棘轮同向转动一定角度;当主动摆杆逆时针摆动时,止回棘爪 4 阻止棘轮反向转动,此时主动棘爪在棘轮的齿背上滑回原位,棘轮静止不动,从而实现将主动件的往复摆动转换为从动棘轮的转动。

2)滚柱式

它主要由内圈、滚柱、外圈、弹簧和顶销等组成,如图 5-40 所示。

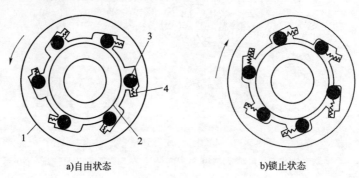

a)自由状态   b)锁止状态

图 5-40 滚柱式单向离合器
1-外圈;2-内圈;3-滚柱;4-弹簧

工作过程:滚柱式单向离合器,它一般内圈为主动件,外圈为从动件。当内圈逆时针转动时,滚柱被楔紧而带动外圈转动,离合器接合;当内圈顺时针转动时,滚柱退入宽槽部位,外圈则不动,离合器分离。如外圈由另一系统带动与内圈同向转动,当外圈转速低于内圈时,离合器即自动接合;若外圈转速高于内圈,离合器则自动分离。

3)楔块式

它主要由内环、外环、楔块、保持架、弹簧等组成,如图 5-41 所示。

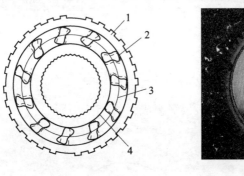

a)结构示意图

b)实物图

图 5-41 楔块式单向离合器
1-外环;2-楔块;3-保持架;4-内环

工作过程:楔块是由两个不同心的圆弧组成工作面,与内外滚道圆弧面接触。当内环相对于外环顺时针方向转动时,摩擦力和弹簧力就会趋向于使楔块以逆时针方向绕其中心旋转。因为楔块滚子尺寸"b"超过了两跑道间的径向距离,则楔块楔入内外环之间并锁定内外环一起旋转传递转矩(楔合状态)。如内环相对于外环逆时针方向转动时,在楔块与内外环之间的摩擦力就会使得楔块以顺时针方向绕其中心旋转以反作用于弹簧的伸张力。因为楔块的"c"尺寸比跑道间的径向距离小,楔块不能楔紧处于松脱状态,内外环可以分别自由的转动不传递转矩(超越状态)。

三、供油系统

自动变速器的供油系统主要由油泵、油箱、滤清器、调压阀及管道所组成。油泵是自动变速器最重要的总成之一，它通常安装在变矩器的后方，由变矩器壳后端的轴套驱动。在发动机运转时，不论汽车是否行驶，油泵都在运转，为自动变速器中的变矩器、换挡执行机构、自动换挡控制系统部分提供具有一定压力的液压油。液压油压力的调节由调压阀来实现。

(一) 油泵

液压系统的动力源主要是油泵。在自动变速器中所用的油泵大致有三种类型：齿轮泵、转子泵、叶片泵。

1. 齿轮泵

在自动变速器中所用的齿轮泵一般是内啮合齿轮泵。图5-42是日本丰田汽车公司常用的齿轮泵剖面结构示意图。

这种泵主要由泵体、从动轮(环齿圈)、主动轮和导轮轴组成。由于从动轮是一个环齿圈且较大，而主动轮是一个较小的外齿轮，所以，在主、从动齿轮之间的空隙用一个月牙形隔板把这个容腔分为两部分，如图5-42所示。其中一腔是进油腔(或称吸油腔)，另一腔是压油腔(或称排油腔)。

小齿轮由变矩器壳体后端轴套驱动，为主动齿轮，内齿轮为从动齿轮，泵壳上有进油口和排油口。发动机运转时，小齿轮带动内齿轮如图5-43中顺时针方向旋转。在吸油腔，因齿轮不断退出啮合，容积逐渐增大，形成真空吸油；在压油腔，因齿轮不断进入啮合，容积逐渐减小，将液压油压出。

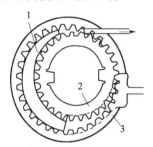

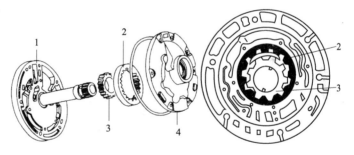

图5-42 齿轮泵剖面结构示意图
1-月牙形隔板；2-主动轮；3-从动轮

图5-43 齿轮泵组成示意图
1-泵盖；2-被动齿轮；3-主动齿轮；4-泵体

2. 转子泵

转子泵实际也是内啮合齿轮泵系列中的一种。转子的齿廓不是一般的渐开线而多用摆线，所以又称为摆线转子泵。

它主要由一对内啮合的转子组成。内转子为外齿轮，且为主动件；外转子为内齿轮，是从动件。内转子一般比外转子少一个齿。内外转子之间是偏心安装。内转子的齿廓和外转子的齿廓是由一对共轭曲线组成，因此内转子上的齿廓和外转子上的齿廓相啮合，就形成了若干密封容腔。

如图5-44所示，该油泵由内转子1、外转子2及配流盘和侧板等组成。a、b为配流盘的配油窗口。摆线转子泵内转子的齿形为摆线(外齿轮)，外转子的齿形为圆弧，两种齿线为一对共轭曲线。内转子齿数为Z_1，外转子齿数为$Z_2 = Z_1 + 1$，它们与配流盘和侧板构成Z_2

个密封空间。内、外转子偏心距为 e。当内转子绕 O_1 顺时针转动时带动外转子绕 O_2 同向转动,这时内转子齿顶 A_2 和外转子齿谷 A_1 形成的密封工作空间容积 c 变大,形成局部真空,油液经配流盘窗口 b 吸油,外转子回转到图 5-44h)位置时,密封空间容积达到最大值,再继续转动,则密封空间容积变小,油液自配流盘窗口被挤压出来。

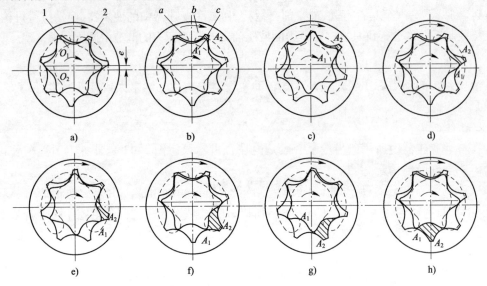

图 5-44 转子泵原理图

1-内转子;2-外转子;a、b 配油窗口;c-密封工作空间

3. 叶片泵

自动变速器用叶片泵的工作原理如图 5-45 所示,和普通液压传动用的单作用叶片泵的工作原理一样。这种油泵由转子1、定子2和叶片3及端盖等组成。定子具有圆柱形内表面,定子和转子之间有偏心距 e。叶片装在转子槽中,并可在槽中滑动。

当转子回转时,由离心力的作用,使叶片紧贴在定子内壁,在定子、转子、叶片和端盖间就形成了若干个密封空间。

转子由变矩器壳体后端的轴套带动,绕其中心旋转,定子是固定不动的,二者不同心有一定的偏心距。当转子旋转时,叶片在离心力及叶片底部的油压作用下向外张开,紧靠在定子内表面上,并随着转子旋转,在转子叶片槽内作往复运动。这样相邻叶片之间便形成密封的工作腔。如果转子朝顺时针方向旋转,在转子与定子中心连线的右半部的工作腔容积逐渐增大,产生真空吸油,中心线左半部的工作腔容积逐渐减小,将油压出。

(二)压力—流量控制阀

1. 主调节阀

图 5-46 所示为自动变速器中的主压力调节阀,其作用相似于液压系统中的溢流阀,它调节自动变速器液压控制系统主油路的压力和流量。

这种主压力调节阀采用阶梯式滑阀。它可以根据来自控制系统中其他几个控制阀的反馈油压的变化来改变所调节的主油路油压的大小。

动作原理:当手动阀没有处于倒挡状态时,倒挡反馈压力所产生的作用力不存在,所以主油路压力较小。当油门增大、发电机转速升高时,油泵的输出流量增大,引起上腔压力增大,阀芯下移,阀口开口量 x 加大,从公式(5-6)可以看出,主油路压力增加。这也说明,主压力调节阀和溢流阀的不同点也在于,溢流阀调定的压力基本不变,而主压力调节阀是把压力调节在一定范围内。其工作原理如图 5-47 所示。

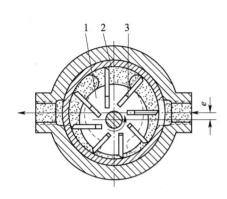

图 5-45 叶片泵原理图
1-转子;2-叶片;3-定子

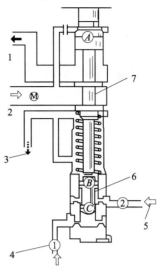

图 5-46 主调节阀的结构原理图
1-至第二调节阀;2-油泵来油;3-泄油口;4-来自节气门阀的压力油进口;5-来自手动阀"R"挡位的压力油进口;6-调压柱塞;7-主阀芯;A、B、C-有效作用面积

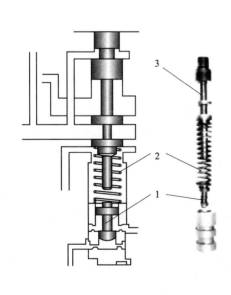

a)阀组成

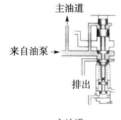

来自油泵的油压作用到阀芯上,给阀芯加一个向下的作用力。

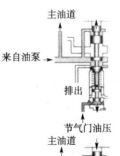

节气门阀输出的油压力作用到柱塞和阀芯上,使阀芯受到一个向上的作用力,当节气门开度小时,节气门油压低,阀芯下移,泄油缝隙增大,系统油压减小;反之,系统油压增大。

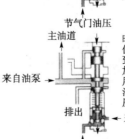

当手柄处于R位置时,来自手控阀"R"位置的工作油压作用到柱塞上,阀芯又增加了一个方向上的作用力,阀芯上移,泄油缝隙减小,系统油压增大。

b)工作原理

图 5-47 主调节阀工作原理示意图
1-柱塞;2-弹簧;3-阀芯

主调节阀平衡方程式及流量公式：

$$p_G \cdot A = p_j \cdot C + p_R \cdot B + k \cdot (x_0 + x)$$

$$p_G = \frac{p_j \cdot C + p_R \cdot B + k \cdot (x_0 + x)}{A} \tag{5-6}$$

式中：p_G——主油路的管路压力；

    A——主阀芯上腔的有效作用面积（见图 5-46）；

    p_j——节气门阀反馈压力；

    p_R——经手动阀反馈的倒挡时管路压力；

    B——调压柱塞大端有效作用面积（见图 5-46）；

    C——调压柱塞小端有效作用面积，$B > C$（见图 5-46）；

    k——弹簧刚度系数；

    x_0——弹簧预压缩量；

    x——阀口开度。

2.二次调节阀

二次调节阀又称辅助调节阀。图 5-48 为丰田 A-132L 自动变速器中的二次调节阀。油液通过主调节阀来油进口 3 进入辅助调节阀，通过油路 1 接到变矩器油路（中间经变矩器的锁止继动阀）；通过辅助调节阀的润滑油路接口 2 接入润滑油路。

118

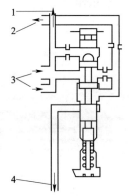

图 5-48　二次调节阀
1-至变矩器油路接口；2-润滑油路接口；3-由主调节阀来油进口；4-至油泵进油口油路

至油泵进口油路 4 接通油泵入口。该油路是一条泄油路。二调节阀并联在变矩器油路上，就是为了进一步降低压力。一般变矩器的供油压力为 0.2MPa，最大值一般为 0.39MPa，其工作原理和主调节阀一样。

四、自动换挡控制系统

自动换挡控制系统能根据发动机的负荷（节气门开度）和汽车的行驶速度，按照设定的换挡规律，自动地接通或切断某些换挡离合器和制动器的供油油路，使离合器结合或分开、制动器制动或释放，以改变齿轮变速器的传动比，从而实现自动换挡。

自动变速器的自动换挡控制系统有液力机械式（全液式 AT）和电控液力自动变速器（电控式 ECT）两种。

液压控制系统是由阀体和各种控制阀及油路所组成的，阀门和油路设置在一个板块内，称为阀体总成。不同型号的自动变速器阀体总成的安装位置有所不同，有的装置于上部，有的装置于侧面，纵置的自动变速器一般装置于下部。

在液压控制系统中，增设控制某些液压油路的电磁阀，就成了电器控制的换挡控制系统，若这些电磁阀是由电子计算机控制的，则成为电子控制的换挡系统。

（一）液力机械式（AT）

液力机械式（全液式）（Automatic Transmission，简称：AT）

液力控制自动变速器是通过机械手段，将汽车行驶时的车速及节气门开度的变化这两个参数转变为液压控制信号。这两个控制信号所代表的油压的比较，决定了各换挡阀的动作。换挡阀两端作用着节气门阀油压和换挡阀油压,换挡时,两端油压发生变化,使换挡阀产生位移,改变了油路,从而实现换挡。图 5-49 为全液式控制原理及高低速工作状态示意图。

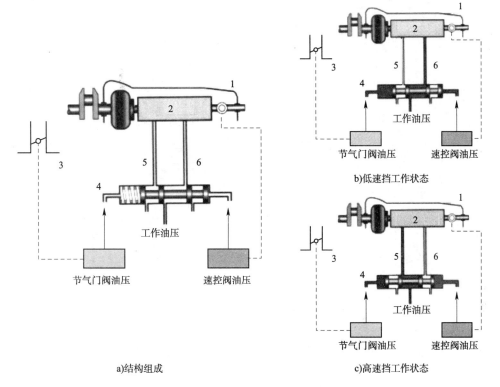

a)结构组成　　　　　　　　　c)高速挡工作状态

图 5-49　全液式控制原理及高低速工作状态示意图

1-速控阀;2-换挡机构;3-节气门;4-换挡阀;5-高速挡油路;6-低速挡油路

(二)电控液力自动变速器(ECT)

电控液力自动变速器(Electronic Controlled Transmission,简称 ECT)是利用各种传感信号来检测汽车有关的运行状态,并把它们转换为电信号输入电脑(微处理器),电脑根据这些信号控制液压系统中的电磁阀和比例阀;这些阀再对液压控制系统主油路和控制油路的通断、方向、压力等进行控制,使换挡阀适时动作,最终达到自动换挡的目的。

换挡阀两端作用着两个电磁阀(A、B 阀)控制着换挡油压。电磁阀 A、B 由 ECT ECU 控制。换挡时一端漏油,另一端充油;或者两端都充油、泄油,使换挡阀位移而换挡。图 5-50 为电控自动变速器换挡原理示意图。

(三)控制系统中的阀门

1. 节气门阀

节气门阀又称节流阀,在自动变速器中主要应用两种形式的节气门阀,一种是拉线式节气门阀,一种是真空式节气门阀。

1)拉线式节气门阀

图 5-51 所示为拉线式节气门阀的结构连接示意图。它通过操纵节气门踏板控制节气门阀的工作。如图所示,节气门阀通过和节气门柱塞作用的凸轮上的节气门拉线连接到自动变速器的壳体上,壳体上的连接器一端连接在燃油喷射节气门体上或化油器的节气门连动装置上,另一端和节气门阀拉杆连接。节气门拉杆随着节气门踏板的运动而运动。

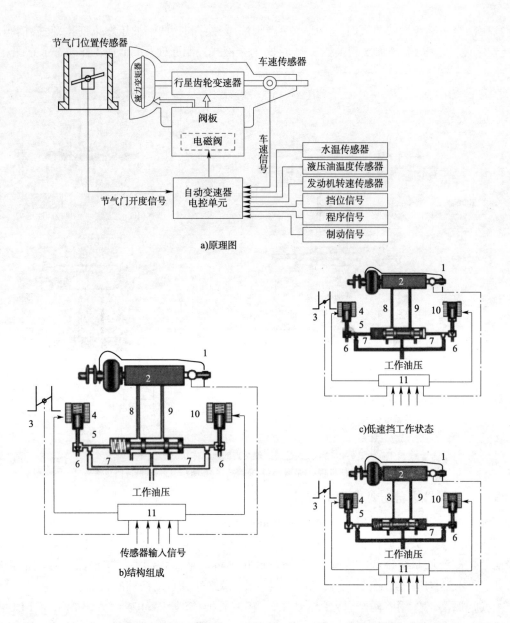

图5-50 电控自动变速器换挡原理示意图

1-车速传感器;2-变速机构;3-节气门位置传感器;4-A阀;5-换挡阀;6-泄油孔;7-节流孔;8-高速挡油路;9-低速挡油路;10-B阀;11-ECT ECU

节气门阀工作原理如图5-52所示。节气门阀体下面受力传递路线是:踩下加速踏板→油门拉索→节气门凸轮→降挡柱塞→节气门阀体向上,从而打开主油道,产生节气门油压;上面受力传递路线是:来自减压阀的油压→节气门阀体→阀体A与B面积差→产生向下的油压→试图将节气门油压向下推动。

当向下推动阀体的油压力(在A、B两处产生)与弹簧作用力(由降挡柱塞,即节气门开度决定)平衡时,阀体关闭主油路油压通道。节气门油压就由向上和向下推动节气门阀阀体的作用力之差决定,也就是由发动机节气门开启度和车速所决定。

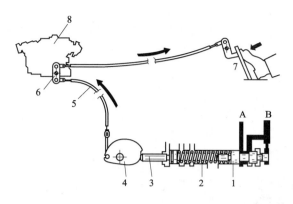

图 5-51　拉线式节气门阀

1-滑阀;2-调压弹簧;3-挺杆;4-凸轮;5-拉索;6-节气门摇臂;7-加速踏板;8-化油器或节气门阀体;A-主油路
进油口;B-出油口

（1）当发动机节气门开度增大,降档柱塞向上的移动量同时增大,节气门阀阀体向上移动量也增大,主油路油压通往节气门油压的通道增大,使节气门油压上升。

（2）当调速器油压升高时,来自减压阀的油压升高,向下压节气门阀阀体的油压力也升高,使节气门油压减小。

（3）节气门阀向每个换挡阀提供与调速器油压方向相反的节气门油压。同时,以节气门油压为基础的节气门油压控制随动阀的油压作用于一次调节阀,从而根据节气门的开启度和车速(减压阀油压)调节主油路的油压。

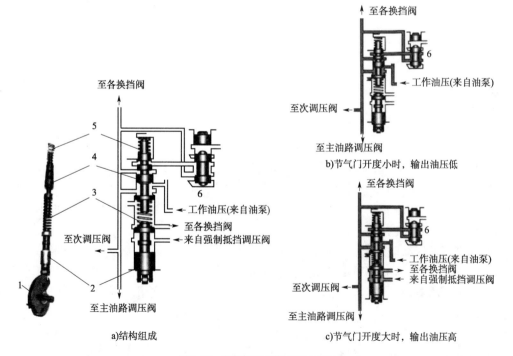

图 5-52　节气门阀工作原理示意图

1-凸轮;2-强制低挡滑阀;3-弹簧 B;4-节气门滑阀;5-弹簧 A;6-反向阀

2) 真空作用式节气门阀

真空作用式节气门阀又称真空调节器,和前述的节气门阀的区别在于油门开度信号的输入装置不同。真空作用式节气门阀采用真空罐元件作为输入信号装置,其组成如图5-53所示。真空作用式节气门阀的工作过程为:节气门开度加大(减小)→进气歧管真空度减小(加大)→阀芯右(左)移→减压开口增大(减小)→输出压力增大(减小)。

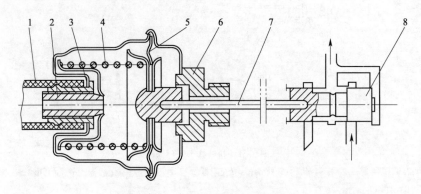

图5-53 真空作用式节气门阀结构原理图

1-连接胶管;2-调节螺母;3-弹簧座;4-预紧弹簧;5-皮膜;6-螺纹接头;7-挺杆;8-双边控制滑阀

真空作用式节气门阀工作时的阀芯平衡方程为:

$$Kx_0 + (p_j - p_a)A_p - p_dA = 0$$

则:

$$p_dA = Kx_0 - (p_a - p_j)A_p$$

$$p_d = \frac{Kx_0 - (p_a - p_j)A_p}{A} \tag{5-7}$$

式中:p_d——输出压力;

K——弹簧刚性系数;

x_0——弹簧预压缩量;

p_j——发动机进汽歧管内的绝对压力;

p_a——大气压;

A_p——皮膜有效作用面积;

A——节气门阀芯右端的有效作用面积。

真空补偿罐:如图5-54所示为一种对真空度进行补充的真空罐。其中关键的补充部件是波形筒3,它的内部充以一个标准大气压;它左端固定在外壳1上,皮膜左侧波形筒外的腔室通大气,皮膜右侧的腔室通发动机进汽歧管。当在0海拔高度使用时,由于波形筒的内外压力相等,波形筒具有某一长度。

当在高原地区行驶时,由于环境气压低,波形筒将膨胀伸长,由于波形筒左端固定,膨胀时将推动皮膜右移,压缩弹簧4抵消一部分弹簧的张力。因此,压缩弹簧4通过挺杆作用于滑阀上的推力将有所减少,所得油门信号油压也稍有下降以补偿由于海拔高度引起的对油压的影响。

3)速控阀

速控阀是检测自动变速器输出轴速度的一个信号元件。它传感车速,并把车速转换为油压信号,该油压信号随车速的增高而增大,并传送至各换挡阀。速控阀一般有三种型式:一种安装在输出轴上;一种为齿轮驱动单向球阀式;一种为齿轮驱动线轴滑阀式。

(1)安装在输出轴上的速控阀。图5-55为一种安装在输出轴上的节流式双级速控阀,也称单重块复合双级调速器。整个速控阀的工作分为两个阶段,即输出轴的低速阶段(油压高速增长)和输出轴的高速阶段(油压缓慢增长),其工作原理如图5-56所示。

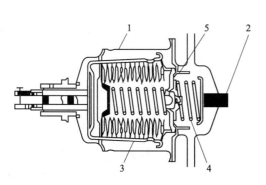

图5-54　对大气压进行补偿的真空罐

1-外壳;2-调节螺钉;3-波形筒;4-压缩弹簧;5-皮膜

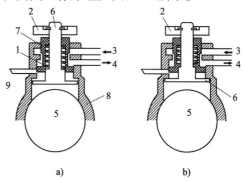

图5-55　复合双级调速器结构示意图

1-滑阀;2-离心重块;3-进油孔;4-出油孔;5-输出轴;6-销轴;7-弹簧;8-外壳;9-泄油孔

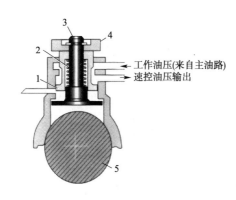

a)速控阀安装在自动变速器输出轴上,随变速器输出轴一起转动

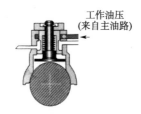

b)当自动变速器输出轴不转动时,速控阀无速控油压输出

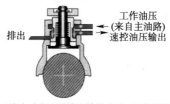

c)当自动变速器输出轴转动时,速控阀输出油压的高低与车速相对应。车速低,速控阀输出的油压低;速度高,速控阀输出的油压高

图5-56　复合双级调速器工作原理示意图

1-滑阀;2-弹簧;3-销轴;4-离心重块;5-输出轴

(2)齿轮驱动线轴滑阀式速控阀。如图5-57所示,它有质量不同的初级和次级两个重块,这两组重块在离心力的作用下张开而使滑阀上移,打开进油口。主油路压力经节流减压口后所产生的速控阀输出压力油经小孔作用于滑阀上端,使滑阀克服飞块的作用力下移,关小进油孔,直至速控阀油压产生的总作用力与重块的离心力达到平衡为止。由于两组重块的质量不同,从而使速控阀在低速区和高速区具有不同的特性。

4)换挡阀(液动方向阀)

在自动变速器中,换挡阀的动作直接决定了自动变速器的升降挡。

而换挡的时机取决于换挡阀两端的节气门油压和速控阀油压。从整个换挡过程可以看出,换挡阀动作是由作用于换挡阀两端的油压来决定的,所以,把它归类于液动方向阀。

(1)1-2挡换挡阀。

1-2挡换挡阀由两部分组成:1-2挡换挡阀和低速滑行调节阀。在全液压式的自动变速器中,这两个阀组合在一起,而在电控式自动变速器中,这两者是分开的。

①速控阀压力较低时:见图 5-58,当驾驶员把换挡手柄置于"D"柄位时,在起步 1 挡时,该阀没有动作。第一制动器 B_1 的压力油经油口 3 过阀后通过油口 10 回油;第二制动器 B_2 的压力油经通过油口 8 过阀后通过下面的回油口回油。

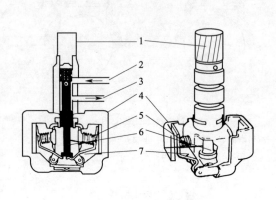

图 5-57　齿轮驱动滑阀式速控阀结构原理图
1-驱动齿轮;2-主油路进口;3-输出油口;4-初级重块;5-弹簧;6-滑阀;7-次级重块

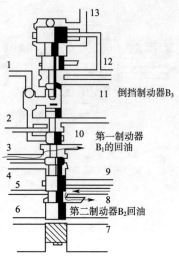

图 5-58　1－2 挡换挡阀结构及速控阀
低压力时工作状态示意图
1-通节气门阀的降挡柱塞;2-节气门阀输出压力;3-通第一制动器;4-通中间调节阀;5-通 2－3 挡换挡阀;6、7-速控阀压力油;8-通第二制动器;9-来自手动阀;10-回油口;11-来自"R"挡时的手动阀;12-通顺序动作阀;13-通低速滑行调节阀

②速控阀压力较高时:当速控阀压力升高达到一定程度后,克服弹簧力和节气门阀的压力,换挡阀阀芯上移(见图 5-59),来自手动阀的压力油经油口 9,过阀后通过油口 8 接通了通向第二制动器 B_2 的油路(此时第一制动器 B_1 的回油路被截断,第一制动器经油口 4 到 2－3 换挡阀回油),使第二制动器 B_2 动作,并同时通过阀口 5 把手动阀的来油接通 2－3 挡换挡阀。自动变速器在 2 挡工作。

手柄置于"L"位时:当操纵手柄置于"L"位时,来自手动阀 P′口经油口 13 进入低速滑行调节阀的上腔,使阀芯下移。接通了倒挡制动器 B_3 的油路,由于上腔有效作用面积较大,使 1－2 挡换挡阀下移。当操纵手柄置于该位时,1－2 挡换挡阀不能升挡,以适应汽车在上下坡时的控制要求。

(2)2－3 挡换挡阀。

2－3 挡换挡阀由换挡阀主阀和中间换挡阀组成。当 1－2 挡换挡阀动作,自动变速器升入 2 挡,并把手动阀在"D"位时的"D"口压力油经 1－2 挡换挡阀接到了 2－3 挡换挡阀(见图 5-60 所示)。此时,2－3 挡换挡阀并不动作,倒挡离合器 B_3 的回油经该阀通到手动阀"R"油路回油。

①速控阀压力较低时:当作用于主阀下部的作用力小于上部的节气门阀和弹簧产生的作用力时,换挡阀不动作。

②速控阀压力较高时:当速控阀产生的作用力大于上部的作用力时,阀芯上移,自动变

速器由 2 挡升至 3 挡。由于阀芯上移,来自 1-2 挡换挡阀的管路压力从 2-3 挡换挡阀油口 8 经出口 5 流向后离合器,使后离合器闭合;而第一制动器 B_1 此时从油口 9 经油口 2 回油,自动变速器处于 3 挡工作状态,如图 5-61 所示。

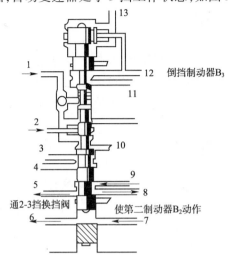

图 5-59　1-2 挡换挡阀结构及速控阀高压力时
工作状态示意图
1-通节气门阀的降挡柱塞;2-节气门阀输出压力;
3-通第一制动器;4-通中间调节阀;5-通 2—3 挡换挡
阀;6、7-速控阀压力油;8-通第二制动器;9-来自手
动阀;10-回油口;11-来自"R"挡时的手动阀;12-通
顺序动作阀;13-通低速滑行调节阀

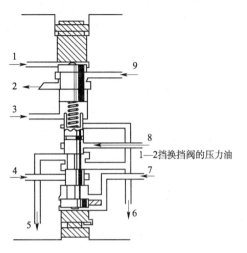

图 5-60　2-3 挡换挡阀结构原理图
1-来自手动阀的压力油进口;2-回油口;3-来自节气
阀的压力油入口;4-来自降挡柱塞的压力油入口;5-流
向后离合器的出口;6-流向手动阀"R"油路;7-经 1—2
挡换挡阀流入的速控阀压力油;8-来自 1—2 挡换挡阀
的管路压力油;9-油口

　　当换挡操纵手柄置于"2"位或"1"位时:手动阀的来油从油口 1 进入中间换挡阀的上腔,经油口 9 到达中间随动阀,最后接通第一制动器的油路,使第一制动器动作,如图 5-62 所示。

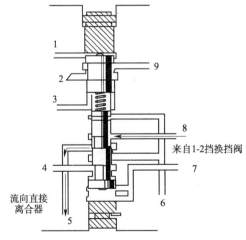

图 5-61　高速时阀芯示意图
1-来自手动阀的压力油进口;2-回油口;3-来自节气门阀
的压力油入口;4-来自降挡柱塞的压力油入口;5-流向后
离合器的出口;6-流向手动阀"R"油路;7-经 1—2 挡换挡
阀流入的速控阀压力油;8-来自 1—2 挡换挡阀的管路压
力油;9-油口

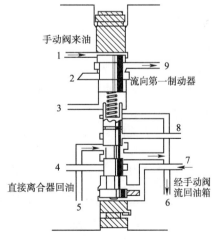

图 5-62　当手柄置于"2"位或"1"位时
1-来自手动阀的压力油进口;2-回油口;3-来自节气
门阀的压力油入口;4-来自降挡柱塞的压力油入口;5-流
向后离合器的出口;6-流向手动阀"R"油
路;7-经 1—2 挡换挡阀流入的速控阀压力油;8-来
自 1—2 挡换挡阀的管路压力油;9-油口

(3)3－4 挡换挡阀。

如图5-63所示,3－4挡换挡阀的上部有一个强制降挡柱塞,弹簧下端才是换挡阀。3－4挡换挡阀和电磁阀一起工作。电磁阀开关安装在驾驶室仪表板或换挡操纵手柄上,俗称 O/D 开关。电磁阀控制着换挡阀上腔强制降挡柱塞的控制油路1的通断。

由于该路压力是由手动阀进入,是管路压力,且中间换挡阀的上部有效作用面积较大,所以中间换挡阀阀芯下移,换挡阀由3挡降为2挡,且使换挡阀主阀不能上移而禁止升挡。

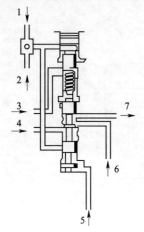

图5-63　3－4挡换挡阀结构示意图
1-接电磁阀和手动阀油路;2-接降挡柱塞油路;3-节气门阀油路;4-接超速制动器;5-接速控阀油路;6-接油泵出口;7-接超速离合器

①O/D 开关没有打开时:当 O/D 开关没有打开,电磁铁不通电,油泵来油通过油口1直接作用在3－4挡换挡阀上部强制降挡柱塞的上腔,使该阀不能升挡。

②O/D 开关打开时:当 O/D 开关打开,电磁阀把通过油口1进入强制降挡柱塞上腔的油压经电磁阀接通回油。所以,强制降挡柱塞的上腔压力为零,只要达到升挡要求,换挡阀的阀芯上行,截断了从油口6经油口7到达超速离合器 C_0 的油路,同时打开了从油口6经油口4到达超速制动器 B_0 的油路,使自动变速器处于4挡,即超速挡工况。

2.缓冲安全系统

为提高自动变速器换挡质量,执行元件(离合器和制动器)的工作是用压力油来控制的,当其油压在形成时,速度太快,离合器和制动器接合过快,将产生冲击,而油压在泄空时,速度太慢,离合器和制动器放松太慢,将会出现打滑现象,因此在自动变速器的液控系统装有许多起缓冲和安全作用的装置。

3.蓄压减振器

蓄压减振器也称储能减振器。常见的蓄压减振器由减振活塞和弹簧组成。图5-64中的三个蓄压减振器分别与三个挡位换挡执行元件的油路相通,对应在各挡起作用。

当自动变速器换挡时,主油路压力油进入离合器(或制动器)的液压缸的同时也进入蓄压减振器。压力油进入的初期,油压不是很高,不能推动减振器活塞下移,因此液压缸油压升高快,这样便于离合器、制动器迅速消除自由间隙。

此后,油压迅速增大,油压克服减振弹簧的弹力将减振活塞下移,容积增大,油路部分压力油进入减振器工作腔,使液压缸内压力升高速度减缓,离合器、制动器接合柔和,减小换挡冲击。其工作原理见图5-65。

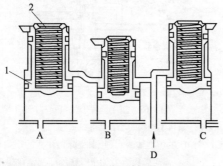

图5-64　蓄压减振器
1-减振活塞;2-减振弹簧;A、B、C-通换挡阀执行元件油路;D-节气门油路

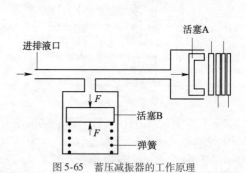

图5-65　蓄压减振器的工作原理

通常,在减振活塞上方还作用有节气门油压(也称减振器背压)——D 油路。在节气门开度较大时,它能适当降低蓄压减振器的减振能力,加快换挡过程,防止大扭矩传递时执行元件打滑,以满足汽车在各种行驶条件下对换挡过程的不同要求。

4. 止回节流阀

它布置在换挡阀至换挡执行元件之间的油路中,对换挡执行元件的液压缸在充油时产生节流作用而泄油时不产生节流作用。从而使油压在建立时速度减慢,泄油过程加快,以满足接合平顺柔和,分离迅速彻底的要求。

一种为弹簧节流阀式,充油时阀关闭,液压油只能从节流孔中流过,起节流作用;泄油时,节流阀打开,节流孔不起作用。

另一种是球阀节流孔式,充油时球阀关闭,液压油只能从节流孔流过,起节流作用;泄油时,球阀开启,不起节流作用。图 5-66 为止回节流阀工作状态示意图。

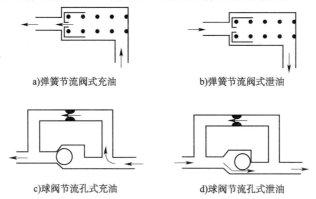

a)弹簧节流阀式充油　　　　　　b)弹簧节流阀式泄油

c)球阀节流孔式充油　　　　　　d)球阀节流孔式泄油

图 5-66　止回节流阀

5. 调整阀

换挡阀动作时,若主油路压力油立即加至执行元件,将会产生较大的冲击。为进行缓冲,油路中设置了一些调整阀,如中间调整阀、滑行调整阀、强制低挡调整阀等。

强制低速挡调整阀,又称为锁止调整阀,其结构如图 5-67 所示。来自油泵的压力油并不直接去强制低挡阀,而是先进入调整阀,待克服弹簧预紧力,将调整阀阀芯左移后才打开与强制低挡阀的油路,从而起减缓冲击作用。

五、换挡操纵机构

自动变速器的换挡操纵机构包括手动选择阀的操纵机构和节气门阀的操纵机构等。驾驶员通过自动变速器的操纵手柄改变阀板内的手动阀位置,控制系统根

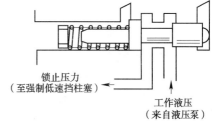

锁止压力
(至强制低速挡柱塞)

工作液压
(来自液压泵)

图 5-67　锁止调整阀

据手动阀的位置及节气门开度、车速、控制开关的状态等因素,利用液压自动控制原理或电子自动控制原理,按照一定的规律控制齿轮变速器中的换挡执行机构的工作,实现自动换挡。

(一)手动控制阀

手动控制阀是由操纵手柄控制的多路换向阀。它位于控制系统的阀板总成中,经机械传动机构和自动变速器的操纵手柄(图 5-68)连接。图 5-69 为操纵手柄与手动控制阀的连接示意图。由驾驶员手动操作,用于控制自动变速器的工作状态。手动控制阀的结构如图 5-70 所示。

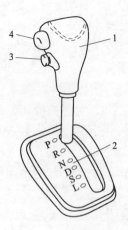

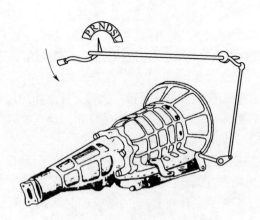

图5-68　自动变速器操纵手柄　　　　　　　图5-69　操纵手柄与手动阀的连接
1-操纵手柄;2-挡位;3-超速挡开关或保持开关;
4-锁止开关

驾驶员通过操纵手柄拨动手动阀,当操纵手柄位于不同位置时,手动阀也随之移至相应的位置,使进入手动阀的主油路与不同的控制油路接通,或直接将主油路压力油送入相应的换挡执行元件(如前进离合器、倒挡离合器等),并使不参加工作的控制油路与泄油孔接通,这些油路中的压力油泄空,从而使控制系统及自动变速器处于不同挡位的工作状态。不同的自动变速器,该阀的转换方向也不一样,但原理却没有什么不同。

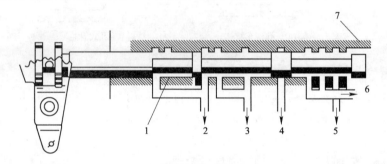

图5-70　手动控制阀结构示意图
1-泄油口1;2-2位油口;3-D位油口;4-进油口;5-R位油口;6-P位油口;7-泄油口2

手动控制阀的动作原理如下。

驾驶室的操纵手柄一般有P、R、N、D、S、L6个位置(有一些有7个位置),该手动阀对应有6个工位。由于该阀有4个工作出油口,定义为S′、D′、P′、R′。1个进油口(和油泵出口相连),2个泄油口,共7个进出油口;根据液压系统的一般规则,可以把这个手动阀简化为一个六位七通手动换向阀。如图5-71所示。手动阀的4个出油口根据手动阀的6个位置P、R、N、D、S、L组成了不同的输出形式。

1. 挡位的含义

P位:停车挡位。当操纵手柄位于该位置时,自动变速器将机械地锁止输出轴,使驱动轮不能转动,防止汽车移动,同时换挡执行机构使自动变速器处于空挡状态。该位置可以起动发动机。当操纵手柄移开该位置时,停车锁止机构即被释放。

R位:倒车挡位。当操纵手柄位于该位置时,自动变速器中输入轴的转动方向与输出轴的转动方向相反,可以用于实现倒车。

N位:空挡位。当操纵手柄位于该位置时,换挡执行机构的动作和停车挡几乎相同,也是使自动变速器处于空挡状态。此位置可以起动发动机,此时发动机的动力虽输入自动变速器,但只能使之空转,输出轴无动力输出。

D位:前进挡位。轿车自动变速器的操纵手柄位于该位置时,可以实现四个不同传动比的挡位,即1挡、2挡、3挡和超速挡,超速挡的传动比小于1。

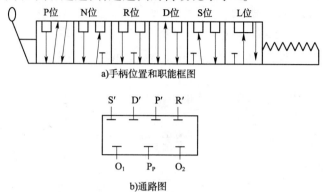

a)手柄位置和职能框图

b)通路图

图5-71 手动阀工作原理框图

操纵手柄位于该位置时,自动变速器的液力式或电液式控制系统能根据车速、节气门开度等因素的变化,按照设定的换挡规律,自动变换挡位。该挡位可用于在一般道路上行驶或小坡道行驶时采用。

S位:操纵手柄位于该位置时,自动变速器的控制系统将限制前进挡的变化范围。自动变速器只能在1挡、2挡之间自动换挡(有的自动变速器S位置锁定在2挡)。

L位:前进低速挡位。当操纵手柄位于该位置时,自动变速器的控制系统将限制前进挡的变化范围。自动变速器只能在1挡、2挡之间自动换挡或只能保持在1挡。该位适用于陡坡或路况较差的道路上行驶时采用。

2.挡位的区别

1)1挡的区别

(1)D-1/S-1:加速时,发动机的动力以1挡传动比传递给驱动轮,减速时,车辆的阻力无法传递到发动机,发动机以怠速运转,即没有发动机制动。

(2)L-1:无论加速还是减速,变速器始终以1挡传动比工作,即具有发动机制动功能。

2)2挡的区别

(1)D-2:加速时以2挡行驶,减速时以空挡滑行,没有发动机制动。

(2)S-2:无论加速还是减速,变速器始终以2挡传动比工作,即具有发动机制动功能。

3.控制开关的使用

1)O/D开关(超速挡开关)(OFF/ON)

一般AT的最高挡为O/D挡,即超速挡。

O/D开关控制仪表上的O/D OFF指示灯指示:当O/D OFF灯亮时,AT的最高挡为3挡,当O/D OFF灯灭时,AT可以以最高4挡行驶。

2)HOLD开关(保持开关)

HOLD开关能够使变速器失去自动变速的功能,而得到手动换挡的感觉。

当HOLD ON时,手柄置于D位,变速器只能以3挡工作;手柄置于2位,变速器只能以

2挡工作;手柄置于 L 位,变速器只能以 1 挡工作。

3)模式开关

换挡模式又称换挡规律,指在换挡时,节气门开度与车速之间的关系。

三种模式:动力、经济、一般。

(1)经济模式 ECO:换挡车速低,经济性好。

(2)一般模式 NORM:兼顾经济与动力。

(3)动力模式 PWR:换挡车速高,动力性好。

一般车辆只取其中两种,如:ECO/PWR、ECO/NORM、NORM/PWR。

4)人为"干预"

(1)提前升挡(利用放松节气门踏板的方法升挡)。

(2)强制降挡(利用加大节气门开度的方法减挡)。

(3)发动机制动。利用发动机的运转阻力使车辆减速。

(二)加速踏板

加速踏板的主要作用是控制发动机节气门的开度,从而控制发动机的动力输出。某些汽车的加速踏板通过油门拉线或者拉杆和发动机的节气门相连,驾驶员踩踏加速踏板时直接控制的是节气门。而随着汽车电子技术的不断发展,电子油门的应用越来越广泛,现在很多车辆上采用电子油门,加速踏板和节气门不再使用油门拉线连接。电子油门的加速踏板上安装有位移传感器,当驾驶员踩踏加速踏板时,ECU 会采集踏板上位移传感器的开度变化以及加速度,根据内置的算法来判断驾驶员的驾驶意图,然后向发动机节气门的控制电机发送相应的控制信号,从而控制发动机的动力输出。

现在汽车的加速踏板有"地板式"和"悬挂式"两种布置形式。

(1)地板式踏板由于转轴位于踏板底部,因此脚掌可以全部踩上去,而踏板本身也就是一个支点,小腿和脚踝能更轻松地控制踏板,相应地提升了脚下控制踏板的精度,减少了疲劳感。

(2)悬挂式加速踏板由于转轴位于支架顶端,下部结构相对要简单(单薄)一点,因此这也使得它的踩踏方式更轻巧,而且在设计上可以将踏板支架做成铁棍,所以在很大程度上可以省掉成本,因此一般的厂商更喜欢选用这种踏板。相对于地板式踏板而言,悬挂式加速踏板由于只能给前脚掌提供支点,因此长时间驾驶小腿会比较僵硬,也就是为什么大多数人会抱怨悬挂式加速踏板开久了很累的缘故。

第二节 全液式和电控式自动变速器的 基本动力传递和控制过程

自动变速器之所以能够实现自动换挡,是因为工作中驾驶员踩下加速踏板的位置或发动机进气歧管的真空度和汽车的行驶速度能指挥自动换挡系统工作。自动换挡系统中各控制阀不同的工作状态将控制变速齿轮机构中离合器的分离与接合和制动器的制动与释放,并改变变速齿轮机构的动力传递路线,实现变速器挡位的变换。自动变速器的动力传递过程为发动机工作,将转速和力矩传递给液力变矩器,液力变矩器工作,将改变后的速度和转矩传递给行星齿轮机构,行星齿轮机构工作,将转矩和速度传递给输出轴,根据控制命令等改变车辆的行驶速度和行驶前后方向,如图 5-72 所示。

发动机	→ 转速 转矩 →	变转器	→ 变速 变矩 →	行星齿轮机构	→ 变扭 变速、变向 →

图 5-72　自动变速器动力传递过程示意图

传统的液力自动变速器根据汽车的行驶速度和节气门开度的变化,自动变换挡位。其换挡控制方式是通过机械方式将车速和节气门开度信号转换成控制油压,并将该油压加到换挡阀的两端,以控制换挡阀的位置,从而改变换挡执行元件(离合器和制动器)的油路。这样,工作液压油进入相应的执行元件,使离合器接合或分离,制动器制动或松开,控制行星齿轮变速器的升挡或降挡,从而实现自动变速。其工作示意图见图 5-73。

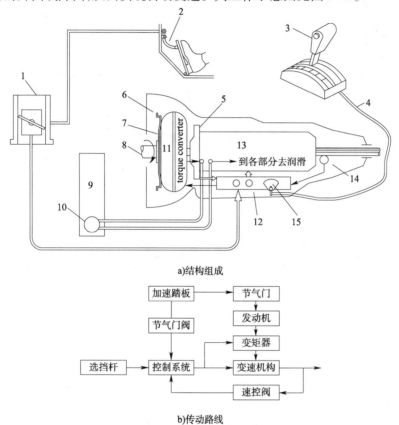

a)结构组成

b)传动路线

图 5-73　液力自动变速器组成及传动路线示意图

1- 节气门;2- 加速踏板;3- 选挡杆;4- 拉索;5- 油泵;6- 起动齿圈;7- 驱动盘;8- 曲轴;9- 水箱;10- ATF 冷却器;11- 液力变矩器;12- 液压控制系统;13- 齿轮变速器;14- 调速阀;15- 空挡起动开关

液压式自动变速器的控制过程:驾驶员通过选挡杆(变速杆)控制一种合适的行车状态时(P:停车挡;R:倒挡;D:前进挡,四速自动换挡;2、L:低速前进挡),选挡杆实际是操纵了液压控制系统中的一个手动换向阀(即一个六位七通的手动换向阀)使整个液压控制系统的主油路处于各种不同的工作状态。

当驾驶员踏下加速踏板时,通过油门拉线把油门开度信号传到节气门阀,节气门阀把这个信号转换为液压信号后加到 3 个换挡阀(1 - 2 挡、2 - 3 挡、3 - 4 挡)的一端,而速控阀同时也把速度信号转换为油压信号后,加到 3 个换挡阀的另一端。3 个换挡阀可以视为液动方向阀,它们的动作就是在选挡杆的位置确定以后,通过油门开度和速度这两个压力信号在换挡阀两端比较的结果来动作的。

电控液力自动变速器是在液力自动变速器基础上增设电子控制系统而形成的。它通过传感器和开关监测汽车和发动机的运行状态,接受驾驶员的指令,并将所获得的信息转换成电信号输入到电控单元。电控单元根据这些信号,通过电磁阀控制液压控制装置的换挡阀,使其打开或关闭通往换挡离合器和制动器的油路,从而控制换挡时刻和挡位的变换,以实现自动变速。其系统组成及传动路线如图5-74所示。

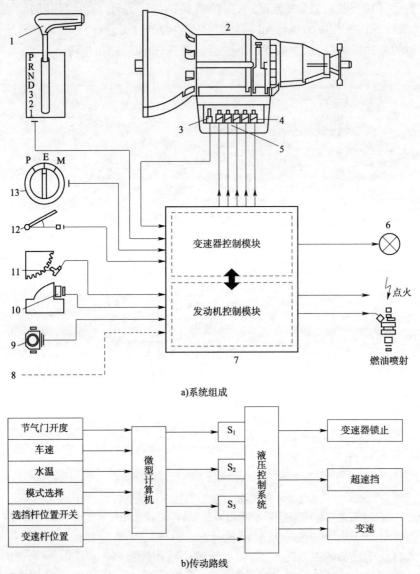

a)系统组成

b)传动路线

图 5-74   电控液动自动变速器系统组成及传动路线示意图

1-选挡手柄;2-自动变速器;3-车速传感器;4-压力调节器;5-电磁阀;6-失效指示灯;7-电子控制单元;8-备用输入信号;9-节气门阀开关;10-空气流量传感器;11-发动机转速传感器;12-点火开关;13-模式开关

电控式自动变速器和液控式的主要差别就是电控式采用了计算机来进行控制。它可以对更多的输入信号进行快速处理。因此,可以在控制过程中考虑更多的影响因素。它的输出主要控制液压系统中的电磁阀和比例阀。通过这些阀的动作来改变整个液压控制系统的工作状态和改善控制的品质。在这种系统中,以速度传感器代替全液压控制中的速控阀。液压系统中3个换挡阀的动作由两个开关阀 S_1 和 S_2 进行控制;第三个电磁开关阀 S_3 用来控制变矩器的锁止。两个电磁阀不同通断的组合,得到四种控制状态,换挡阀相应有四种动作,对应 D 挡位(前进挡位)的四个挡位速度。

第三节　典型自动变速器工作原理

一、前环齿圈固连后行星架形式的辛普森行星齿轮机构

在 20 世纪 60 年代末至 70 年代初,以前环齿圈后行星架组件、共用太阳轮、前行星架和后环齿圈组成辛普森双排行星齿轮机构。前接液力变矩器就形成了一个具有三个前进挡和一个倒挡的自动变速器的机械部分。再增加一个超速行星排及相应的执行元件,形成 80 ~ 90 年代常用的自动变速器,如丰田公司的 A40D、A43D。

如图 5-75 所示为日本丰田 A43D 自动变速器机械部分的结构示意图。它是在辛普森双排行星轮系的基础上,在液力变矩器和双排行星轮系之间加入了一个行星排(超速行星排)而成。双排行星轮系用来产生三个前进挡(1—3 挡)和一个倒挡;超速行星排产生一个超速挡(俗称 O/D 挡)。

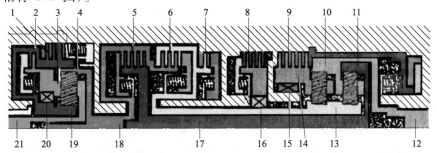

图 5-75　丰田 A43D 自动变速器机械部分结构示意图

1-超速制动器 B_0;2-超速直接离合器 C_0;3-超速行星架;4-超速环齿圈;5-前离合器 C_1;6-后离合器 C_2;7-第一制动器 B_1;8-第二制动器 B_2;9-第三制动器 B_3;10-前环齿圈后行星架组件;11-后环齿圈;12-输出轴;13-共用太阳轮;14-前行星架;15-第二单向离合器 F_2;16-第一单向离合器 F_1;17-中间轴;18-输入轴;19-超速太阳轮;20-超速单向离合器 F_0;21-超速输入轴

(一)换挡执行元件

各执行元件所在位置见图 5-75。

1. 超速直接离合器 C_0

C_0 连接超速行星排中的超速太阳轮 19 和超速行星架 3。

当 C_0 啮合时,超速太阳轮 19 和超速行星架 3 连为一体,整个超速行星排以直接挡(传动比为 1)传动方式把液力变矩器的动力传递至后续的双排行星齿轮机构。离合器 C_0 只有在超速挡(O/D 挡)时才脱开啮合,在其他挡位超速离合器 C_0 是接合的。

2. 前进离合器 C_1

当前进离合器 C_1 5 啮合时,前进离合器 C_1 就把超速行星排的输出经输入轴 18 和中间轴 17 传递至辛普森双排行星齿轮机构。传动路线为:

超速环齿圈 4 →输入轴 18 →前进离合器 5 →中间轴 17 →后环齿圈 11

3. 后离合器 C_2(又称直接挡离合器)

后离合器 C_2 6 把超速行星排的输出连接到双排行星齿轮机构的共用太阳轮 13。前进

离合器 5 的离合器鼓连接着后离合器 C_2 6 的离合器毂,后离合器的离合器鼓又和共用太阳轮 13 的一端用内外花键连接。所以当后离合器啮合时,超速行星排的输出经输入轴 18、前进离合器的离合器鼓、后离合器传递至共用太阳轮 13。其传递路线为:

超速环齿圈 4 →输入轴 18 →前进离合器鼓→后离合器 6 →共用太阳轮 13

4. 超速制动器 B_0

超速制动器 B_0 用来固定超速太阳轮。超速制动器 B_0 的制动鼓和变速器壳体是一体的,其制动毂和超速太阳轮相连。当超速制动器啮合时,超速太阳轮被制动。超速行星架 3 和超速输入轴 21 相连,所以是主动件,则环齿圈是从动件,此时行星排得到最小的传动比,即是一种增速减扭的传动方式(O/D 挡)。

5. 第一制动器 B_1

第一制动器 B_1 7 的制动鼓和变速器壳体为一体,制动毂和双排行星轮的共用太阳轮 13 相连。当它动作时,就使共用太阳轮 13 被制动。在低速前进挡需要利用发动机制动时,第一制动器 B_1 动作。

6. 第二制动器 B_2

第二制动器 B_2 8 的制动鼓在变速器壳体上,制动毂和第一单向离合器 15 的外环相连,而第一单向离合器的内环和共用太阳轮 13 相连。它和第一单向离合器 15 联合使用对共用太阳轮进行控制。当第二制动器接合时,第一单向离合器的外环被固定不动,则使第一单向离合器内环所连接的共用太阳轮不能逆时针旋转,共用太阳轮逆时针方向受到锁止。

7. 第三制动器 B_3

第三制动器 B_3 的制动鼓在变速器壳体上,而制动毂和第二单向离合器的外环相连。它主要用于低速一挡利用发动机制动时,制动前行星架。在高速行驶时,突然挂入低速挡,发动机立刻暴转,但此时转速达到最高时速度已无法再上升,由此来制动。一般不推荐这样的制动方式,因为这样对发动机损坏严重,除非紧急事态。

8. 超速单向离合器 F_0

超速单向离合器 F_0 在超速太阳轮和超速行星架之间配合超速直接离合器 C_0 对超速太阳轮的转向进行辅助控制。当自动变速器由 3 挡升为 4 挡时,能改善换挡的平顺性。在超速直接离合器 C_0 并列的位置上布置了超速单向离合器 F_0,它能有效地防止在超速直接离合器 C_0 尚未完全接合时,超速太阳轮的逆时针转动而导致超速直接离合器 C_0 打滑。

9. 第一单向离合器 F_1

第一单向离合器 F_1 没有独立的外环和内环,它的外环就是第二制动器 B_2 制动毂的内圆表面,它的内环就是双行星排共用太阳轮轴的外圆表面。它主要配合第二制动器 B_2 8 工作,当第二制动器 B_2 啮合时,第一单向离合器的外环被制动,使共用太阳轮 13 在逆时针方向的转动被锁止。

10. 第二单向离合器 F_2

它的内环通过中央保持架和变速器壳体连为一体,它的外环是和前行星架 14 连为一体的第三制动器制动毂的内圆表面。所以,它连接着前行星架和变速器壳体,防止前行星架逆时针转动。

(二)A43D 自动变速器主要机械零部件

1. 超速行星架、超速离合器和超速单向离合器组件

图 5-76 为超速行星架超速离合器和超速单向离合器的零部件分解图。从图中可以看

出,图5-75中的O/D输入轴21和超速行星架3是一体的;行星架的左侧即为超速离合器的离合器毂。超速离合器的离合器鼓和超速太阳轮为一体(太阳轮在离合器鼓内,图中看不到)。

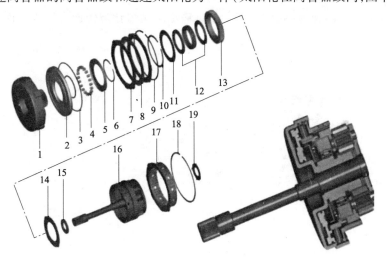

图5-76 超速行星架、超速离合器和超速单向离合器组件示意图

1-离合器 C_0 及超速排行星轮;2-活塞;3-内、外O形密封圈;4-弹簧;5-弹簧座;6、9、10、18-卡环;7-钢片;8-摩擦片;11-挡圈;12-单向离合器;13-单向离合器外座圈;14、19-垫片;15-推力轴承;16-超速排行星架与行星齿;17-制动器 B_0 传动毂

2. 超速制动器组件

如图5-77所示,超速制动器安装于超速挡壳体内。超速挡壳体和变速器壳体固连。把超速挡壳体从变速器壳体拆下后,依次可拆下卡环1、法兰盘、内花键片(摩擦片)、挠性板、超速环齿圈、推力轴承和座圈,然后拆下卡环、弹簧座和活塞的复位弹簧;最后应用压缩空气可拆下制动器活塞,再从活塞上拆下O形密封圈。以上件即为超速制动器组件。

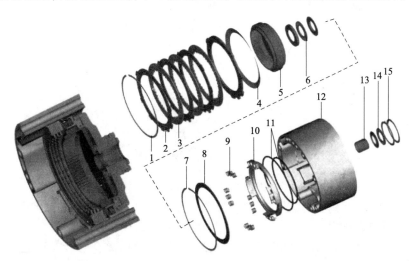

图5-77 超速制动器组件结构示意图

1、7-卡环;2-钢片;3-摩擦片;4-弹性压盘;5-超速行星排齿圈;6-推力轴承;8-弹簧座;9-弹簧;10-活塞;11-内外O形密封圈;12-壳体;13-滚针轴承;14-推力轴承;15-密封圈

3. 前进离合器组件

如图5-78所示为前进离合器组件的分解图。在前进离合器鼓内部依次装有前进离合

器活塞、O 形密封圈、复位弹簧、法兰盘、摩擦片、前进离合器毂以及直接离合器毂等元件。前进离合器鼓左侧的小轴就是图 5-75 中的输入轴 18,小轴插入超速行星排中,它的外花键表面和超速环齿圈的内花键结合,超速行星排输出的动力就被传递至后续元件。

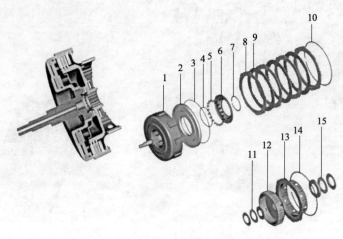

图 5-78　前进离合器组件的分解图

1-前传动轴与离合器 C_1 鼓;2-活塞;3-外 O 形密封圈;4-内 O 形密封圈;5-弹簧;6-弹簧座;7、10、14-卡环;8-钢片;9-摩擦片;11-推力轴承;12-离合器 C_1 毂;13-离合器 C_2 毂;15-推力轴承

4. 直接离合器组件

直接离合器安装于中央支架上。其零件分解如图 5-79 所示。作为一个离合器总成,在它的分解图中只有离合器鼓,它的离合器毂在图 5-78 的前进离合器分解图中。

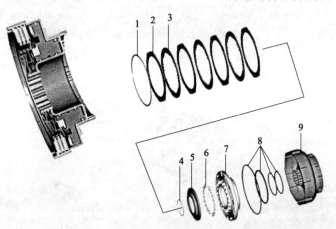

图 5-79　直接离合器组件

1-卡环;2-钢片;3-摩擦片;4-卡环;5-弹簧座;6-弹簧;7-活塞;8-内、外 O 形密封圈;9-离合器 C_2 鼓

5. 中央支架支架组件

中央支架组件主要由第一制动器、第二制动器、第一单向离合器及共用太阳轮组成,如图 5-80 所示。第一制动器和第二制动器是用来固定共用太阳轮和锁止共用太阳轮的某个旋转方向的。中央支架通过螺栓被固定于自动变速器壳体之上。辛普森双排行星齿轮机构的共用太阳轮轴穿过中央支架和直接离合器鼓相连。

6. 前行星架组件

如图 5-81 所示,前行星架和第三制动器的制动毂为一体。

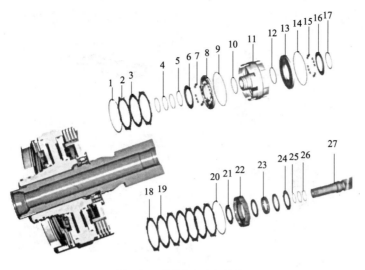

图 5-80 中央支架支架组件

1、5、17、20、25-卡环;2、18-钢片;3、19-摩擦片;4、26-密封环;6-弹簧座;7、15-弹簧;8-B₁活塞;9、14-活塞外密封圈;10、12-活塞内密封圈;11-壳体;13-B₂活塞;21、24-垫片;22-单向离合器外座圈;23-单向离合器;27-共用太阳轮

在制动毂内装有第二单向离合器。第二单向离合器的外环即是制动毂的内表面,而内环通过其左端外缘上的花键齿固定在中央支架上。

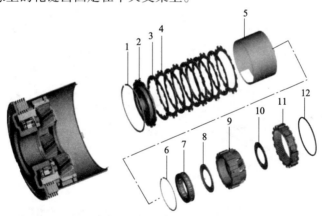

图 5-81 前行星架组件

1、6、12-卡环;2-单向离合器 F₁ 内座圈;3-摩擦片;4-钢片;5-套筒;7-单向离合器;8-尼龙垫片;9-前排行星架及行星齿轮;10-垫片;11-前排齿圈

7. 后行星排和输出轴组件

在辛普森双排行星齿轮机构中,共 4 个基本元件。

这 4 个基本元件是共用太阳轮、前行星架、前环齿圈和后行星架组件、后环齿圈。共用太阳轮和前行星架装于中央支架组件内;其余前环齿圈及后行星架组件和后环齿圈这两个基本元件装于如图 5-82 所示的后行星排和输出轴组件中。

8. 第三制动器活塞

第三制动器的制动鼓在自动变速器的壳体上,而制动毂装在图 5-81 所示的前行星架的左端(和前行星架为一体)。但它们的执行机构即制动活塞却远离这个组件。其结构组成如图 5-83 所示。制动器活塞在自动变速器壳体的底部。在制动器和制动活塞之间用一个制动器连接套管过度，制动器活塞动作时，推动制动器连接套管，然后制动器动作，第三制动器把前行星架锁止。

图5-82　后行星排和输出轴组件

1-垫片；2-后排行星架与行星齿轮；3-后传动轴；4、7、9-推力轴承；5-后排齿圈；6-卡环；8-输出轴；10-密封环

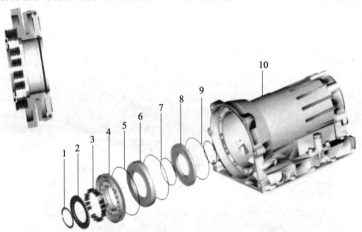

图5-83　第三制动器活塞

1-卡环；2-弹簧座；3-弹簧；4-大活塞；5-大活塞O形密封圈；6-活塞套；7-活塞套内O形密封圈；8-小活塞；
9-小活塞内外O形密封圈；10-壳体

（三）传动原理

自动变速器通过驾驶室内的操纵手柄来操作。这个手柄有6个位置：P(停车挡)、R(倒挡)、D、N(空挡)、S(低速挡1)、L(低速挡2)。当操纵手柄处于不同位置时，换挡执行机构使行星排处于不同的传动状态，输出不同的传动速比和旋转方向。A43D在各挡位时换挡执行机构的具体状态见表5-3。图5-84为A43D自动变速器的传动原理图。

A43D 换挡执行元件表　　　　　　　　　　　　　　　表5-3

挡位	传动挡	C_0	C_1	C_2	B_0	B_1	B_2	B_3	F_0	F_1	F_2
P	停车挡	●	○	○	○	○	○	●	●	○	○
R	倒挡	●	○	●	○	○	○	●	●	○	○
N	空挡	●	○	○	○	○	○	○	●	○	○

挡位	传动挡	C_0	C_1	C_2	B_0	B_1	B_2	B_3	F_0	F_1	F_2
D	1挡	●	●	○	○	○	○	○	●	○	●
	2挡	●	●	○	○	○	●	○	●	●	○
	3挡	●	●	●	○	○	●	○	●	○	○
	超速挡	○	●	●	●	○	●	○	○	○	○
S (2)	1挡	●	●	○	○	○	○	○	●	○	●
	2挡	●	●	○	○	●	●	○	●	●	○
L	1挡	●	●	○	○	○	○	●	●	○	●

注:●为元件工作,○为元件不工作。

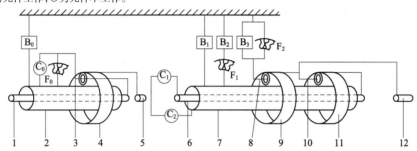

图 5-84　A43D 传动原理图

1-超速输入轴;2-超速太阳轮;3-超速行星架;4-超速环齿圈;5-输入轴;6-中间轴;7-共用太阳轮;8-前行星架;9-前环齿圈;10-后行星架;11-后环齿圈;12-输出轴

1. P 位和 N 位

当操纵手柄置于 P 位和 N 位,而发动机又没有起动时,由于油泵没有旋转,整个液压系统没有工作。但当在 P 位或 N 位点火时,情况就不一样了。在 P 位点火时,液压控制系统使超速直接离合器 C_0 和第三制动器 B_3 动作。C_0 动作,使超速行星排的超速太阳轮和超速行星架连为一体,超速行星排就以直接传动(传动比位 1)的方式输出。但由于后面的离合器 C_1 和离合器 C_2 都没有动作,所以动作不能最终传递给输出轴。

2. D 位或 S 位 1 挡

传动原理(执行机构 C_0、C_1、F_0、F_2 同时动作):当操纵手柄置于 D 位后,由于 C_0 的啮合,把超速太阳轮和超速行星架连为一体,超速行星排处于直接挡状态,等于一个机械联轴节。由于 C_1 的啮合,动力由超速行星排传递至双排行星齿轮机构,传动原理及路线见图 5-85。

3. D 位 2 挡

如图 5-86 所示,在 D 位 2 挡时,执行机构的工作元件为 C_0、C_1、B_2、F_0、F_1。相对于 D 位 1 挡,需要由液压控制系统控制的换挡执行元件比 D 位 1 挡增加了第二制动器 B_2(单向离合器自动动作,不计在内)。B_2 的啮合,制止了共用太阳轮的逆时针旋转,使动力直接由后行星架输出。

4. D 位 3 挡

如图 5-87 所示,在 D 位 3 挡时,换挡执行机构相对于 D 位 2 挡增加了 C_2 离合器(单向离合器自动调整)。由于 C_1 离合器连接输入轴和共用太阳轮而 C_2 离合器是连接输入轴和后环齿圈,所以,当 C_1、C_2 同时动作时,后环齿圈和共用太阳轮连接为一个整体而形成直接挡输出。前行星排处于自由状态,即前行星架在前环齿圈的带动下,一面公转一面自转(空转)。

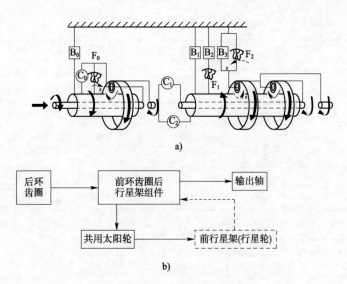

图 5-85　D 位 1 挡传动原理及传动路线图

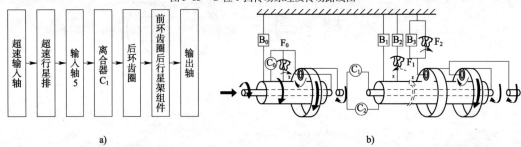

图 5-86　D 位 2 挡传动原理及传动路线图

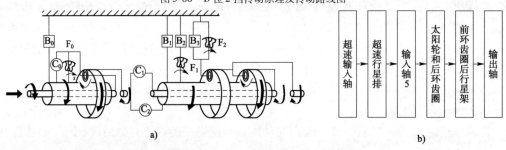

图 5-87　D 位 3 挡传动原理及传动路线图

5. D 位 4 挡(超速挡)

如图 5-88 所示,在 D 位 4 挡(超速挡)时,双排行星齿轮机构仍处于直接挡状态,换挡执行机构相对于 3 挡的变化主要体现在超速行星排的动作变化。

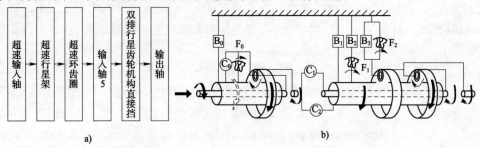

图 5-88　D 位超速挡传动原理及传动路线图

这时,超速直接离合器C_0脱开啮合,而超速制动器B_0闭合,超速太阳轮被制动,超速行星架为主动件,而超速环齿圈为从动件,传动比小于1。实现超速输出。

6. S位2挡

把操作手柄置于S位(或2位)时,自动变速器处于前进低速挡位行驶状态。此时,自动变速器在液压控制系统的作用下,只能在1、2挡之间(有些自动变速器可以在1~3挡之间)自动变换。

比较图5-87传动路线简图,在S位(或2位)时,换挡执行机构比D位2挡多了第一制动器B_1。B_1的作用就是在下坡动力反向传递时,使双排行星齿轮机构中的太阳轮制动,使利用发动机制动成为可能,其传动原理如图5-89所示。

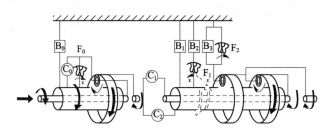

图5-89　S位2挡原理图

7. L位1挡

如图5-90所示为L位1挡的传动路线简图,它比D位1挡时增加了第三制动器B_3的动作,以利于利用发动机制动减速。第三制动器B_3的啮合,就锁止了前行星架在两个方向上的转动,使动力反向传递到发动机,利用发动机制动减速。

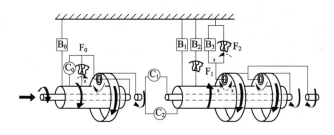

图5-90　L位1挡传动原理图(执行机构:C_0、C_1、B_3)

8. R位倒挡

图5-91所示R位时的传动过程及原理示意图。换挡执行机构是C_0、C_2、B_3和单向离合器F_0动作。C_0的动作,使超速行星排处于直接挡传动状态;而C_2结合,把超速行星排的输出传递至双行星排的共用太阳轮。共用太阳轮为主动件。由于B_3的动作,前行星架被锁止,则行星轮逆时针自转,并带动前环齿圈后行星架组件也逆时针旋转。于是,就得到倒挡的传动状态。

二、前行星架固连后环齿圈的结构和传动原理

从20世纪90年代起,丰田公司推出了A340系列,这是一个电控、四速带锁止离合器的系列,多用于高级轿车。其中A341E和A342E的电液控制系统为智能型控制系统;但它的行星齿轮机构却基本没有改变。

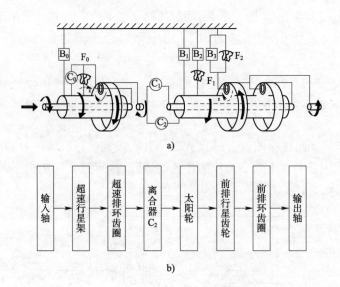

a)

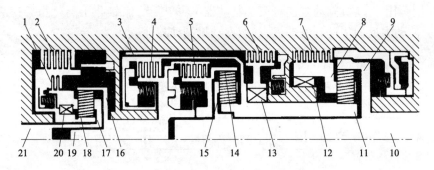

b)

图 5-91　R 位传动过程及原理示意图

(一)A340 系列的基本结构形式

图 5-92 为 A340E 行星齿轮机构示意图,图 5-93 为其零部件组成分解图。从图中可以看出此种自动变速器的结构组合方式及所有的组成零件。

图 5-92　A340E 行星齿轮机构简图

1-超速离合器(C_0);2-超速制动器(B_0);3-2 挡滑行制动器(B_1);4-直接离合器(C_2);5-前进离合器(C_1);6-2 挡制动器(B_2);7-倒挡制动器(B_3);8-后行星架;9-后环齿圈;10-输出轴;11-太阳轮;12-第二单向离合器;13-第一单向离合器;14-前环齿圈;15-前行星架;16-超速环齿圈;17-超速行星架;18-超速太阳轮;19-输入轴;20-超速单向离合器;21-超速输入轴

(二)主要零部件

1. 超速行星排组件

图 5-94 为超速行星排组件的零部件分解图。它和 A43D 既相似又有不同之处。相似之处是:超速行星架(轮)、超速离合器毂、超速输入轴为一体,超速单向离合器仍安装于超速离合器毂内,超速离合器鼓和超速太阳轮也为一体。不同之处是:A340E 超速离合器鼓的外花键表面就是超速制动器的制动毂,所以,A340E 的离合器鼓是三件(离合器鼓、制动毂、太阳轮)一体。

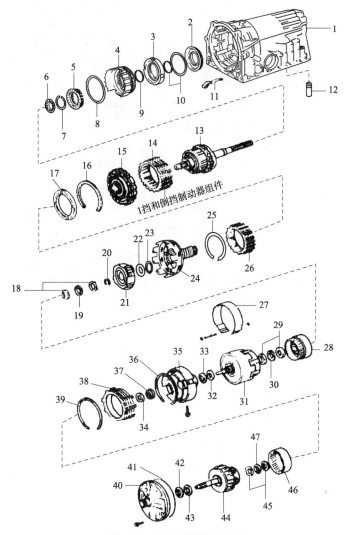

图 5-93　A340E 零部件分解图

1-变速器壳体;2-1 挡和倒挡制动器 1 号活塞;3-止推套筒;4-1 挡和倒挡制动器 2 号活塞;5-活塞复位弹簧;
6、19、23、30、32、37、43、47-轴承;7、16、20、25、36、39-卡环;8、9、10、41-O 形圈;11-弹簧片;12-制动鼓垫片;13-1 挡和
倒挡制动机器组件;14-后行星齿轮,2 号单向离合器和输出轴;15-2 挡制动鼓;17-活塞套筒;18、22、29、33、
34、42、45-座圈;21-前行星齿轮 1;24-行星中心轮和 1 号单向离合器;26-2 挡制动器组件;27-2 挡滑行制动
带;28-前行星齿轮 2;31-直接挡和前进挡离合器;35-超速挡支承;38-超速挡制动器组件;40-油泵;44-超速挡
行星齿轮、直接挡离合器和单向离合器;46-超速挡

2. 超速制动器组件

如图 5-95 所示为超速制动器的分解图。超速支架固连于自动变速器壳体上;超速制动器活塞安装于超速支架内;卡环依次把活塞复位弹簧(座)、活塞限制于超速支架内。要注意的是,在超速制动器组件内并没有超速制动器鼓和超速制动毂。超速制动器鼓是自动变速器壳体而超速制动毂是超速离合器鼓的外表面。

3. 直接离合器和前进离合器组件

前进离合器 C_1 和直接离合器 C_2 分别作为超速行星排和辛普森双排行星齿轮机构之间的连接机构,把超速行星排输出的动力传递至双排行星齿轮机构四个基本元件中的前环齿圈或共用太阳轮组件。图 5-96 为离合器 C_1 及离合器 C_2 连接及工作过程示意图。

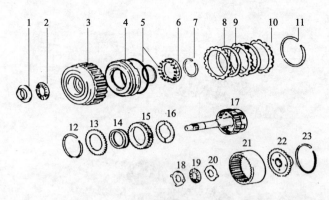

图 5-94　超速行星排组件

1-座圈;2、19-推力轴承;3-离合器鼓;4-活塞;5-O 形圈;6-复位弹簧;7-卡簧;8-钢片;9-摩擦片;10-法兰;11、12、23-卡环;13-挡板;14-单向离合器;15-外环;16-止推垫圈;17-超速行星架;18、20-座圈;21-环齿圈;22-环齿圈法兰

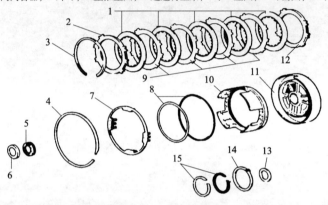

图 5-95　超速制动器组件

1-摩擦片;2-法兰;3、4-卡环;5-推力轴承;6-座圈;7-复位弹簧;8-O 形圈;9-钢片;10-活塞;11-超速支架;12-法兰;13-座圈;14-推力轴承;15-密封轴环

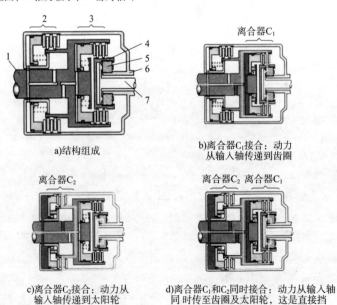

a)结构组成

b)离合器C₁接合：动力
从输入轴传递到齿圈

c)离合器C₂接合：动力从
输入轴传递到太阳轮

d)离合器C₁和C₂同时接合：动力从输入轴
同时传至齿圈及太阳轮，这是直接挡

图 5-96　离合器 C_1、C_2 接合及工作过程示意图

1-输入轴;2-离合器 C_2;3-离合器 C_1;4-齿圈;5-行星齿轮;6-太阳轮;7-行星齿轮架及输出轴

1) 直接离合器分解图

图 5-97 为直接离合器的分解图。在直接离合器内主要安装了直接离合器活塞、摩擦片等。直接离合器毂不在该组件中,却在前进离合器组件中,它和前进离合器鼓为一体,在前进离合器鼓的左侧。

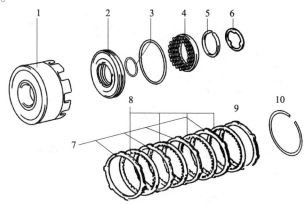

图 5-97　直接离合器分解图

1-离合器鼓;2-活塞;3-O 形圈;4-复位弹簧;5、10-卡环;6-推力垫;7-钢片;8-摩擦片;9-法兰

2) 前进离合器分解图

图 5-98 为前进离合器的分解图。前进离合器是超速行星排和双排行星齿轮机构的前环齿圈之间的动力传递纽带。由于前进离合器要把动力传递至双排行星齿轮机构的前环齿圈,所以,前进离合器的离合器毂和双排行星齿轮机构的前环齿圈为一体。

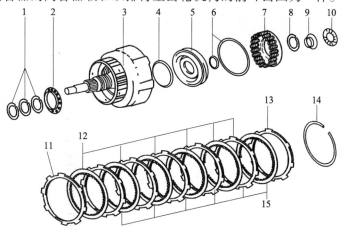

图 5-98　前进离合器分解图

1-封油环;2、10-推力轴承;3-离合器鼓;4、6-O 形圈;5-活塞;7-复位弹簧;8、14-卡环;9-座圈;11-缓冲板;12-钢片;13-法兰;15-摩擦片

4. 前行星排组件

A340E 双排行星齿轮机构的四个基本元件分别是前环齿圈、前行星架后环齿圈组件、共用太阳轮和后行星架。在前行星排组件中,它被分为两个部分。一个是前行星架部分(含前环齿圈),另一个是太阳轮部分(含第一单向离合器)。

1) 前行星架

它主要包含前环齿圈和前行星架。前环齿圈的左端为前进离合器毂,动力经由前进离合器传递至前环齿圈。如图 5-99 所示。作为辛普森双排行星齿轮机构的一个组件,前行星架通过内花键孔与输出轴和后环齿圈固连为一体,该组件即成为整个自动变速器中的输出元件。

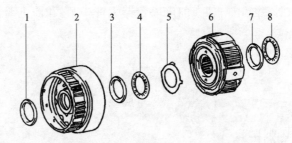

图 5-99　前行星架分解图

1-座圈;2-前环齿圈;3-座圈;4、8-推力轴承;5、7-座圈;6-前行星架(轮)

2)共用太阳轮

图 5-100 所示为共用太阳轮和第一单向离合器的分解图。双排行星轮系有两个动力输入端口。一个经由前进离合器把超速行星排输出的动力传递至前环齿圈;另一个经由直接离合器把动力传递至共用太阳轮。所以,在共用太阳轮上有一个输入鼓,它和直接离合器鼓轴向啮合。

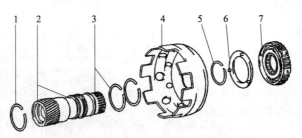

图 5-100　共用太阳轮分解图

1、5-卡环;2-共用太阳轮;3-密封圈;4-输入鼓;6-推力垫;7-第一单向离合器和 2 挡制动毂总成

5.第二制动器(2 挡制动器)

图 5-101 为第二制动器 B_2 零部件分解图。第二制动器又称 2 挡制动器,它是用来制动太阳轮。需要指出的是,第二制动器和第一单向离合器是一个联动组件;第二制动器只能锁止太阳轮连同单向离合器 F_1 外环的逆时针转动,而不能锁止太阳轮的顺时针方向转动。

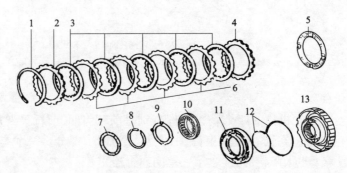

图 5-101　2 挡制动器 B_2 分解图

1、8-卡环;2-法兰;3-摩擦片;4、6-钢片;5-活塞套筒;7-推力垫;9-弹簧座;10-复位弹簧;11-制动活塞;12-O 形圈;13-2 挡制动毂

6. 第一制动器

图 5-102 为第一制动器 B_1 的分解图。第一制动器又称 2 挡滑行制动器;它是一个带式制动器,用来连接自动变速器壳体和太阳轮。当汽车以 2 挡下坡时,由于第二制动器不能完成对太阳轮顺时针方向的锁止,所以,需要第一制动器 B_1 对太阳轮顺时针方向的旋转进行制动。使动力能顺利进行反向传递,则发动机制动减速的功能得以实现。

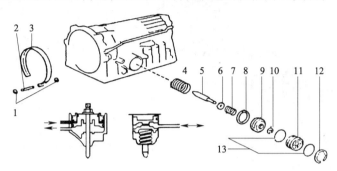

图 5-102　第一制动器 B_1 分解图

1、10-E 形环;2-锁杆;3-制动带;4、7-弹簧;5-活塞杆;6-挡圈;8-密封油环;9、11-活塞;12-卡环;13-O 形圈

7. 后行星排组件

图 5-103 为后行星排组件的分解图。在后行星排组件中主要有第二单向离合器、后行星架、后环齿圈和输出轴。后行星架(轮)的左端为 1 挡与倒挡制动器 B_3 的制动毂,在该制动毂内,装有第二单向离合器 F_2。F_2 的外环即为该制动毂的内表面;F_2 的内环是一个独立元件。

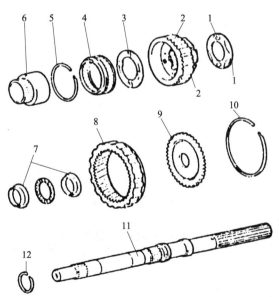

图 5-103　后行星排组件分解图

1、3-推力垫;2-后行星架;4-单向离合器;5、10、12-卡环;6-内环;7-座圈;8-环齿圈;9-环齿圈法兰;11-输出轴

8. 1 挡、倒挡制动器组件

图 5-104 为 1 挡、倒挡制动器的分解图。在该组件中,制动鼓是自动变速器壳体,而制动毂不在该组件中。由于 1 挡及倒挡制动器是用来制动后行星架的,所以 1 挡及倒挡制动器的制动毂和后行星架为一体。这样,当该制动器结合时,后行星架即被制动。

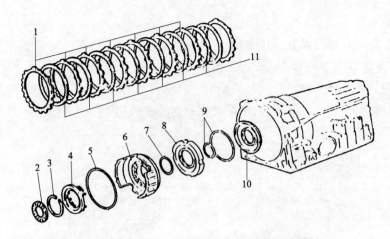

图 5-104　1 挡及倒挡制动器分解图

1-钢片；2-推力轴承；3-卡环；4-复位弹簧；5、7、9-O 形圈；6-外活塞；8-反冲套筒；10-内活塞；11-摩擦片

（三）A340E 传动原理

A340E 的双排行星齿轮机构和 A43D 略有不同。A340E 是前行星架和后环齿圈组成一个组件成为双排行星齿轮机构四个基本元件中的一个；A340E 自动变速器的传动原理如图 5-105 所示，各挡位换挡执行元件动作见表 5-4。前进离合器 C_1 是把输入轴 4 和前环齿圈 5 连在一起，而直接离合器 C_2 和 A43D 的形式一样，它把超速行星排的输出和太阳轮连接在一起。其传动路线见图 5-106。

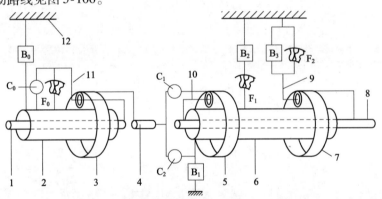

图 5-105　A340E 传动原理图

1-超速输入轴；2-超速太阳轮；3-超速环齿圈；4-输入轴；5-前环齿圈；6-共用太阳轮；7-后环齿圈；8-输出轴；9-后行星架；10-前行星架；11-超速行星架；12-壳体

A340E 换挡执行元件动作表　　　　　　　　　　　　　　　　表 5-4

手柄位置	传动挡位	工 作 元 件									
		C_0	C_1	C_2	B_0	B_1	B_2	B_3	F_0	F_1	F_2
P	停车	●	○	○	○	○	○	○	○	○	○
R	倒挡	●	○	●	○	○	○	●	●	○	○
N	空挡	●	○	○	○	○	○	○	○	○	○
D	1 挡	●	●	○	○	○	○	○	●	○	●
	2 挡	●	●	○	○	○	●	○	●	●	○
	3 挡	●	●	●	○	○	●	○	●	○	○
	超速挡	○	●	●	●	○	●	○	○	○	○

手柄位置	传动挡位	工作元件									
		C_0	C_1	C_2	B_0	B_1	B_2	B_3	F_0	F_1	F_2
S (2)	1挡	●	●	○	○	○	○	○	●	○	●
	2挡	●	●	○	○	●	●	○	●	●	○
	3挡	●	●	●	○	○	●	○	○	○	○
L	1挡	●	●	○	○	○	○	●	●	○	●
	2挡	●	●	○	○	●	●	○	●	●	○

注:●为元件工作,○为元件不工作。

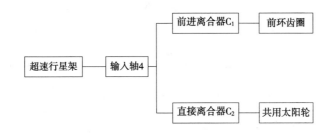

图 5-106　两个离合器的传动路线图

1. P 位和 N 位

当操纵手柄置于 P 位或 N 位时,电液控制系统使换挡执行机构中的超速离合器 C_0 处于工作状态。由于前进离合器 C_1 和直接离合器 C_2 均不在啮合位置,超速行星排的动力无法传递至后续的双排行星齿轮机构。所以,超速行星排处于空转状态,而整个自动变速器处于空挡。

在 P 位时有停车闭锁装置(见图 5-107),手柄在 P 位时,除了使自动变速器处于空挡之外,手柄通过手控连杆机构推动了位于自动变速器后端的停车锁止凸轮 4,使停车闭锁爪上的外齿嵌入输出轴的外齿槽中;因停车锁止棘爪 3 的一端固定在自动变速器壳体上,所以输出轴也被固定而不能转动,从而锁止了驱动轮。汽车在 5°或更陡的坡上都能锁住。

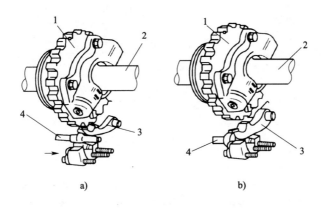

a)　　　　　　　　　　　　　　b)

图 5-107　驻车锁止机构

1-输出轴外环齿圈;2-输出轴;3-锁止棘爪;4-锁止凸轮

2. R 位倒挡

其传动原理如图 5-108 所示。

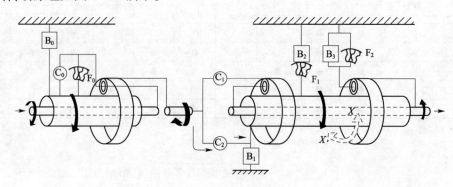

图 5-108　倒挡传动原理图

超速离合器 C_0 的啮合把超速太阳轮和超速行星架连为一体而处于直接挡状态。C_2 的动作使超速行星排的输出通过输入轴 4 经该离合器传递至共用太阳轮 6（图 5-105）。在后行星排中，后行星架被倒挡制动器 B_3 制动。当太阳轮顺时针旋转时，后行星架上的行星轮只能逆时针自转带动后环齿圈逆时针转动，所以输出轴也随之做逆时针方向旋转，形成倒挡传动状态。

该挡位动作的换挡执行机构是 C_0、C_2、B_3 和 F_0。

动力传动路线为：

　　　　　轴入轴→离合器 C_2→共用太阳轮→后行星架→前行星架后环齿圈→输出轴

3. D 位 1 挡

当操纵手柄置于 D 位时，整个自动变速器处于前进状态。

当发动机负荷很小或行驶阻力很大时，电液控制装置自动接通 D 位 1 挡油路，换挡执行机构中的 C_0、C_1、F_2 工作。其传动原理图如图 5-109 所示。

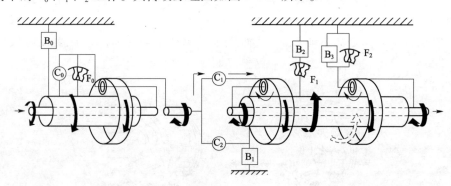

图 5-109　D 位 1 挡传动原理图

其动力传递路线为：

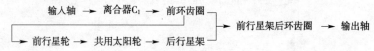

4. D 位 2 挡

汽车起步后，如果发动机的负荷增大（油门加大）或行驶阻力减小（这两种情况都会在电液控制系统中产生不同的响应），电液控制装置将自动接通 2 挡控制油路。其传动原理图如图 5-110 所示。换挡执行机构的动作元件在 D 位 1 挡的基础上增加了 2 挡制动器 B_2;2 挡制动器 B_2 的啮合,使第一单向离合器 F_1 的外环被固定。

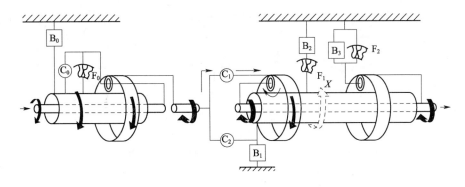

图 5-110　D 位 2 挡传动原理图

该挡位动作的换挡执行元件是 C_0、C_1、B_2、F_1。其动力传递路线为:

输入轴→离合器 C_1 →前环齿圈→前行星架后环齿圈→输出轴

5. D 位 3 挡

在行驶过程中,如果发动机负荷更大,或行驶阻力更小时,电液控制系统自动接通三挡油路。其传动原理图见图 5-111。换挡执行机构的动作元件较之 D 位 2 挡又增加了直接离合器 C_2 的动作。整个换挡执行机构的动作元件是:C_0、C_1、C_2、B_2、F_1。

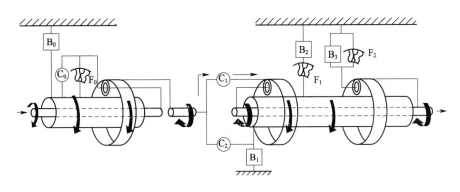

图 5-111　D 位 3 挡传动原理图

其动力传递路线为:

6. D 位超速挡

从 D 位 3 挡转换到 D 位超速挡时,作用于双排行星齿轮机构的换挡执行机构元件并没有增加,仍是 C_1、C_2、B_2 三个换挡执行元件,而作用于超速行星排的换挡执行元件却有变化,其传动原理如图 5-112 所示。电液控制系统使在前三个挡位一直啮合的超速离合器脱开啮合,而使超速制动器进入啮合。超速制动器 B_0 的啮合使超速行星排中超速太阳轮被制动而成为超速行星排中的固定件。

换挡执行机构的动作元件是:B_0、C_1、C_2、B_2、F_1。

其动力传递路线为:

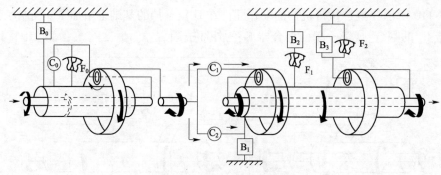

图 5-112 超速挡传动原理图

超速输入轴 → 超速排行星架 → 超速环齿圈(B_0开始作用) → 输入轴

离合器C_1 → 前环齿圈

离合器C_2 → 共用太阳轮

→ 前行星架后环齿圈 → 输出轴

7. S 位(2 位)1 挡

S 位(2 位)是一种低速前进挡。主要应用有坡道行驶和利用发动机制动减速的行驶状态。如果用 D 位上坡,在 3 挡和超速挡之间或 2 挡与 3 挡之间可能出现"循环跳挡"的情况。当手柄置于 S 位(2 位)时,自动变速器的电液控制系统保证了在该档位变速机构只能在 1 挡和 2 挡之间变速而不能升至 3 挡或超速挡,但 S 位 1 挡没有发动机制动功能。

8. S 位(或 2 位)2 挡

D 位 2 挡和 S 位 2 挡的区别是:在 D 位 2 挡时,制动器 B_2 和单向离合器 F_1 共同作用,限制了共用太阳轮的逆时针转动,来自车轮的动力不可以反向传动;在 S 位 2 挡时,制动器 B_1 作用,制动了共用太阳轮的转动,来自车轮的动力可以反向传递给发动机。其传动原理图如图 5-113 所示。

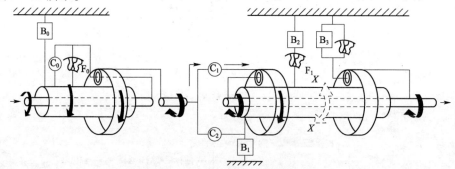

图 5-113 S 位(或 2 位)2 挡传动原理图

换挡动作元件:C_0、C_1、B_1、B_2、F_0、F_1。其动力传递路线为:

输入轴→离合器C_1→前环齿圈→前行星架后环齿圈→输出轴

9. L 位 1 挡及 2 挡

L 位是一个只能降挡不能升挡的位置。在上下坡时,手柄由 D 位或 S 位移至 L 位时,它可以由 D 位 3 挡强制降挡到 L 位 2 挡。其传动原理图如图 5-114 所示。L 位 2 挡和 S 位 2 挡的原理一样具有发动机制动减速功能。如果上下坡度较大,它自动降为 L 位 1 挡。上坡时可以在一挡稳定行驶;而在下坡时,L 位 1 挡能利用发动机制动减速功能。

换挡执行机构中的 C_0、C_1、B_3、F_2 工作。其动力传递过程如下:

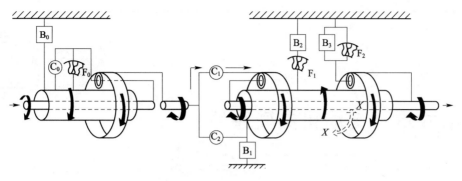

图 5-114　L 位 1 挡传动原理图

第六章 发动机共轨系统

共轨系统(Common Rail Systems,简称 CRS)是指在高压油泵、压力传感器和 ECU 组成的闭环系统中,将喷射压力的产生和喷射过程彼此完全分开的一种供油方式,由高压油泵把高压燃油输送到公共供油管,通过对公共供油管内的油压实现精确控制,使高压油管压力大小与发动机的转速无关,可以大幅度减小柴油机供油压力随发动机转速的变化,因此也就减少了传统柴油机的缺陷。ECU 控制喷油器的喷油量,喷油量大小取决于燃油轨(公共供油管)压力和电磁阀开启时间的长短。

按照喷油高压形成的不同,共轨式电控燃油喷射系统有两种基本型式,即高压共轨式和中压共轨式。

(1)高压共轨系统。高压输油泵(压力在 120MPa 以上)直接产生高压燃油后,输送至共轨中消除压力的脉动,再分送到各喷油器;当电子控制装置按需要发出指令信号后,高速电磁阀(响应在 200s 左右)迅速打开或关闭,进而控制喷油器工作,即按设定的要求开喷或停喷高压燃油。

(2)中压共轨系统。中压输油泵(压力为 10～13MPa)将中压燃油输送到共轨中消除压力的脉动,再分送至带有增压柱塞的喷油器中;当高速电磁阀开关阀接收到电子控制装置发送的指令信号后,就迅速开启或关闭,从而控制燃油器工作,即通过高压柱塞的增压作用,将从共轨中来的中压燃油加压至高压(120～150MPa)后开喷或停喷。

高压共轨系统与中压共轨系统的主要判别在于,高压燃油的获得方式不同,前者由高压燃油泵直接提供,而后者则借助于增压柱塞增压后获得,下面介绍柴油机高压共轨系统。

第一节 高压共轨系统结构组成及工作原理

柴油机高压共轨喷射系统由液力系统和电子控制系统构成。其中液力系统又分低压液力系统和高压液力系统。低压液力系统主要包括油箱、输油泵、燃油滤清器、低压油管;高压液力系统主要包括高压泵、高压油轨、喷油器、高压油管;电子控制系统(Electronic Diesel Control,简称 EDC)主要包括传感器、电控单元(Electronic Control Unit,简称 ECU)、执行器、线束,如图 6-1 所示。其中,喷油器、高压泵、高压油轨、电控单元(ECU)为柴油机高压共轨系统四大核心的部件。低压输油泵将燃油输入高压油泵,高压泵将燃油加压送入高压油轨,高压油轨中的压力由电控单元根据油轨压力传感器测量的油轨压力以及需要进行调节,高压油轨内的燃油经过高压油管,根据机器的运行状态,由电控单元从预设的脉谱图中确定合适的喷油持续期(喷油量)、喷油正时由电液控制的电子喷油器将燃油喷入汽缸。电控高压共轨燃油系统组成如图 6-1 所示。

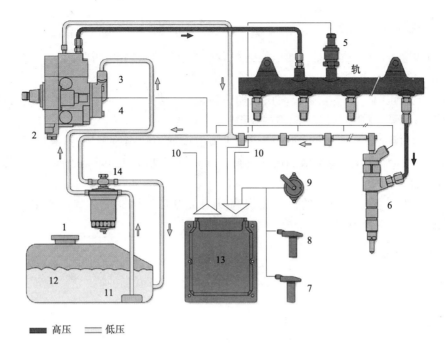

图 6-1　电控高压共轨燃油系统组成示意图

1-柴油滤清器；2-高压泵；3-燃油齿轮泵；4-油量计量单元；5-轨压传感器；6-带电磁阀的喷油器；7-发动机凸轮轴速度传感器；8-发动机曲轴速度传感器；9-加速踏板；10-其他执行器；11-精滤；12-油箱；13-电控单元；14-温控回油阀

一、喷油量的控制

通过在基本喷射量上添加冷却液温度、燃油温度、进气温度和进气压力校正来确定燃油喷射量。

（1）基本喷射量。基本喷射量由发动机转速和加速踏板开度决定。当发动机转速恒定时，如果加速踏板开度增加，喷射量增加；加速踏板开度恒定时，如果发动机转速增加，喷射量降低。

（2）起动喷射量。起动喷射量根据发动机起动时的基本喷射量和为起动机开关 ON 时间、发动机转速和冷却液温度增加的校正来决定。如果冷却液温度低，则喷射量增加。当发动机完全起动时，该模式被取消。

（3）最高转速设定喷射量。最高转速设定喷射量由发动机转速决定。限制喷射量，以便防止发动机转过度增加（超速）。

（4）最大喷射量。最大喷射量根据发动机转速和为冷却液温度、燃油温度、进气温度、大气温度、进气压力、大气压力增加的校正所确定的基本最大喷射量来决定。

二、喷油速率的控制

尽管采用高压燃油喷射之后，喷射速率得到提高，但是点火滞后（从喷射开始到燃烧开始的延迟）无法缩短到低于一定时间。因此，点火发生之前燃油喷射量增加（初期喷射率太高），致使爆炸燃烧与点火同时发生，并使 NO_x 和噪声增加。要阻止这种情况，可采用预喷射使初期喷射保持在最小的需求速率，从而缓解初级爆炸燃烧以及降低 NO_x 和噪声。

三、喷油正时的控制

燃油喷射正时由向喷油器施加电流的正时来控制。决定主喷射时间周期之后,也就明确了预喷射和其他喷射正时。

(1)主喷射正时。基本喷射正时由发动机转速(发动机转速脉冲)和最终喷射量(添加了各种校正)计算,以确定最佳的主喷射正时。

(2)预喷射正时。预喷射正时是通过为主喷射添加预间隔值来进行控制。预间隔根据最终喷射量、发动机转速、冷却液温度来计算。发动机起动时的预间隔通过冷却液温度和发动机转速来计算。

(3)先导喷射。先导喷射的目的是提高发动机冷态起动性。在传统的主喷射发生之前,该功能可进行两次或更多次非常少的燃油喷射。

四、燃油喷射压力控制

发动机控制器计算燃油喷射压力,由最终喷射量和发动机转速决定。根据冷却液温度和起动时的发动机转速来计算。

第二节　高压共轨系统的核心元件

一、高压油泵

高压油泵是高压共轨系统中的关键部件之一,它的主要作用是将低压燃油加压成为高压燃油,储存在油轨内等待 ECU 的喷射指令。高压油泵由齿轮泵、油量计量单元、溢流阀、进出油阀和高压柱塞等部分组成。高压共轨燃油喷射系统构造及工作原理高压油泵供油量的设计准则是必须保证在任何情况下的柴油机喷油量与控制油量之和的需求及起动和加速时的油量变化的需求。由于共轨系统中喷油压力的产生与燃油喷射过程无关,且喷油正时也不由高压油泵的凸轮来保证,因此高压油泵的压油凸轮可以按照峰值扭矩最低、接触应力最小和最耐磨的设计原则来设计凸轮。

如图 6-2 所示 BOSCH 公司 CPN2.2 高压泵采用两个直列柱塞设计,可以产生高达 160MPa 的压力,可满足国三、国四及更高的排放标准,通过发动机凸轮轴驱动,传动比为 1:2,与传统的机械泵类似。其润滑方式为机油润滑,润滑油路与发动机润滑油路直接相连。齿轮泵的任务是向高压油泵供给足够的低压燃油,安装在高压油泵泵体后端,依靠位于高压油泵凸轮轴末端的齿轮来驱动,它的

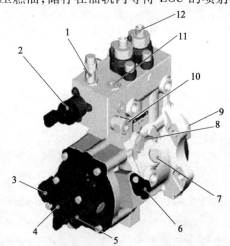

图 6-2　BOSCH CPN2.2 高压泵结构示意图

1-柴油进口(自滤器);2-M-PROP 燃油计量阀;3-柴油出口(到滤器);4-齿轮泵 ZP5;5-燃油进口(自油箱);6-凸轮轴相位传感器 DG6;7-初始机油注油口阀盖;8-润滑油进口(可选);9-凸轮轴;10-溢流阀;11-柴油出口(到油箱);12-高压出口

转速是高压油泵 2.85 倍。当燃油进入高压部分后,一路经过油量计量单元进入高压柱塞腔,经压缩后进入油轨,同时多余的燃油通过溢油阀回到油箱中。油量计量单元的主要作用

是调节进入高压柱塞腔的油量,以控制共轨管内的燃油压力的大小。

二、高压油轨

高压油轨的作用是存储燃油,同时抑制由于高压泵供油和喷油器喷油产生的压力波动,将高压泵提供的高压燃油分配到各喷油器中,起储能器的作用,确保系统压力稳定。高压油轨为各缸共同所有,其为共轨系统的标志,它的容积应削减高压油泵的供油压力波动和每个喷油器由喷油过程引起的压力振荡,但其容积又不能太大,以保证共轨有足够的压力响应速度以快速跟踪柴油机工况的变化。高压共轨管上还安装了压力传感器、流动缓冲器(限流器)和压力限制器,如图6-3所示。

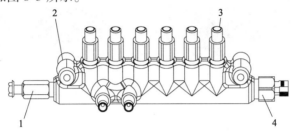

图6-3　高压油轨结构示意图

1-压力限制器;2-油轨;3-流动缓冲器;4-油轨压力传感器(P_C 传感器)

压力传感器向 ECU 提供高压油轨的压力信号,这是一个半导体传感器,它利用了压力施加到硅元件上时电阻发生变化的压电效应。轨压传感器线路及压力特性如图6-4所示。

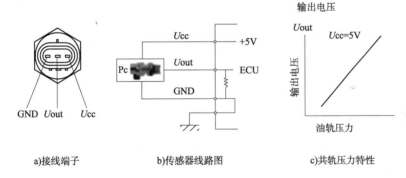

a)接线端子　　　　b)传感器线路图　　　　c)共轨压力特性

图6-4　轨压传感器线路及压力特性

压力限制器保证高压油轨在出现压力异常高时,迅速将高压油轨中的压力进行放泄,释放的燃油返回到油箱,它在压力降低到一定水平之后恢复(关闭),如图6-5所示。

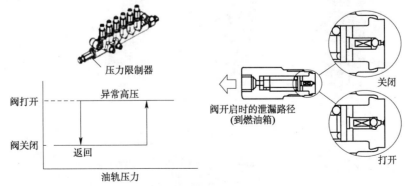

图6-5　压力限制器工作原理示意图

流动缓冲器可降低加压管中的压力脉动,并以稳定的压力向喷油器提供燃油。流动缓冲器也可在出现燃油过度排放时(例如喷射管道或喷油器出现燃油泄漏的情况)切断燃油通道,从而防止燃油异常排放。如图6-6所示,当高压管中出现压力脉动时,它穿过量孔产生的阻力破坏了油轨侧和喷油器侧的压力平衡,因此活塞将移到喷油器一侧,从而吸收压力脉动。正常压力脉动情况下,喷射因燃油流量降低而停止。随着通过量孔的燃油量增加,油轨和喷油器之间的压力得到平衡。结果,由于弹簧压力,活塞被推回油轨侧。但是,如果由于喷油器侧燃油泄漏等而发生异常流量状态,通过量孔的燃油就会失去平衡。这将使活塞被推动抵住底座而导致燃油通道封闭。

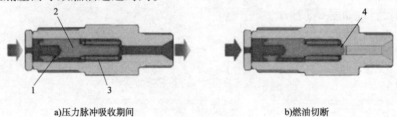

a)压力脉冲吸收期间　　　　　　　　b)燃油切断

图6-6　流动缓冲器工作原理示意图

1-量孔;2-活塞;3-弹簧;4-座

三、喷油器

电控喷油器是电控高压共轨系统中最关键和最复杂的部件,它的作用是根据ECU发出的电信号控制电磁阀的开启和关闭,将高压油轨中的燃油雾化以最佳的喷油时刻、喷油量和喷油率喷入柴油机的燃烧室内。喷油器的喷油时刻和持续时间均经电控单元精确计算后给出信号,再由电磁阀控制。喷油器主要由喷油器体、电磁阀、喷嘴、针阀组件和弹簧等部分组成。

喷油器工作原理如图6-7所示。在电磁阀不通电时,电枢将球阀紧紧压在阀座上,此时控制室和压力室内压力平衡,喷嘴针阀被弹簧预紧力紧紧压在喷嘴座面上不抬起,即喷油器不喷油;当电磁阀通电时,电磁阀通过吸力将电枢抬起,此时控制室内燃油经球阀量孔泄漏,控制室压力迅速下降,而压力室压力没有变化,从而喷嘴针阀被抬起,即喷油器开始喷油;当电磁阀关闭时,控制室的压力上升,喷嘴针阀两端压力再次平衡,在弹簧预紧力的作用下针阀落座,从而关闭喷油器完成喷油过程。

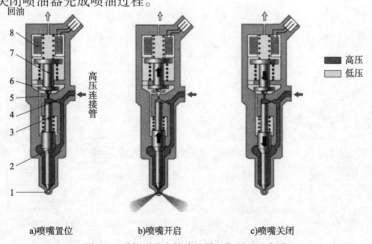

a)喷嘴置位　　　　　b)喷嘴开启　　　　　c)喷嘴关闭

高压　　低压

图6-7　共轨系统电控喷油器工作原理示意图

1-喷孔;2-喷嘴针阀压力环;3-针阀杆;4-充油控制孔;5-释放控制孔;6-球阀;7-衔铁;8-线圈

四、电控单元

电控单元(ECU)就像发动机的大脑,它收集发动机的运行工况参数,按照预先设计的程序计算各种传感器送来的信息,经过处理以后,并把各个参数限制在允许的电压电平上,结合已存储的特性图谱进行计算处理,再把信号发送给各相关的执行机构,执行各种预定的控制功能,实现发动机的运行控制、故障诊断等,如图6-8所示。ECU还包含着一个监测模块。ECU和监测模块相互监测,如果发现故障,它们中的任何一个都可以独立于另一个而切断喷油。

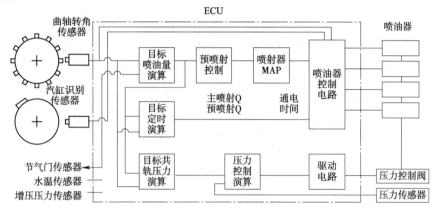

图6-8　ECU的功能框图

微处理机根据输入数据和存储在MAP中的数据,计算喷油时间、喷油量、喷油率和喷油定时等,并将这些参数转换为与发动机运行匹配的随时间变化的电量。由于发动机的工作是高速变化的,而且要求计算精度高,处理速度快,因此ECU的性能应当随发动机技术的发展而发展,微处理机的内存越来越大,信息处理能力越来越高。

第七章 汽车起重机与自卸汽车液压系统

汽车起重机与自卸汽车广泛地应用于运输、装卸搬运等场合。随着液压元件与液压技术的发展,液压式的汽车起重机与自卸汽车的运用更加广泛,优势更加突出。本章介绍液压式的汽车起重机与自卸汽车中常用的基本原件及基本液压回路,举例分析汽车起重机与自卸汽车的液压系统。

第一节 基本元件及结构组成

随着现液压技术的发展,传统的机械传统系统逐渐与液压系统、电子控制系统相融合,以满足汽车起重机与自卸汽车的各种工作要求。在汽车起重机与自卸汽车的液压系统中,经常能见到起锁紧作用的液压锁,起到平衡机构运行速度的平衡阀等元件。

一、液压锁

在各类起重机械中,为防止起重作业时活塞杆因滑阀泄露或管路破裂自动或突然缩回而引起事故,需要安装液压锁,保证液压缸中的液压油不致泄漏,使液压系统工作安全可靠,如汽车起重机中的支腿收放回路。

常见液压锁结构如图 7-1 所示,两个液控单向阀共用一个阀体与活塞,当液压泵输出的液压油通到 A_1 时,可以顶开左边锥阀芯,使 A_1 与 A_2 连通,同时液压油推动活塞向右移,顶开右边锥阀芯,使 B_1 与 B_2 连通。若 B_1 接入液压泵输出的液压油,同样能使 B_1 与 B_2 连通,A_1 与 A_2 连通。当 A_1 与 B_1 都不接入液压泵输出的液压油时,两边的锥阀芯均封闭。

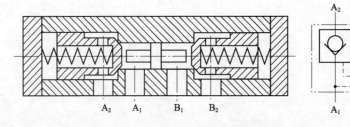

图 7-1 液压锁结构

液压锁工作时,如图 7-2 所示。当换向阀换至左位或右位,液压泵向液压缸的有杆腔或无杆腔输入液压油时,液压锁能够打开另一条管路,使另一腔的液压油回流至油箱。当换向阀处于中位时,液压锁能够密封通入液压缸有杆腔及无杆腔的管路,使活塞保持其工作位置不变。

二、平衡阀

在起重机械放下重物的过程中,若货物因为重力加速下滑时,将使平衡阀中的顺序阀开度减小,防止货物下降过快,如自卸汽车中的举升机构。

如图 7-3 所示,平衡阀中由单向阀 1 与顺序阀 2 组成。当液压油由 O 口进入 P 口流出时,液压油顶开单向阀 1,连通 O 口与 P 口。当液压油需要由 P 口进入 O 口流出时,无法自行打开单向阀 1,此时通向 P 口的压力油经油孔进入腔 D 将顺序阀 2 向左顶开,连通 P 口与 O 口。当液压缸或液压马达因负载超速运动时,油进入 D 腔,油压下降,减小顺序阀 2 开度,控制液压油流量,平衡液压缸或液压马达速度。

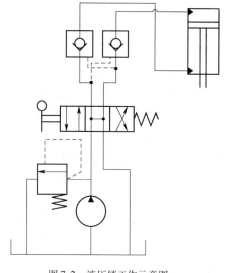

图 7-2 液压锁工作示意图

平衡阀工作原理如图 7-4 所示。换向阀处于左位时,压力油经平衡阀中的单向阀进入液压缸无杆腔顶起重物。换向阀处于右位时,液压油进入液压缸有杆腔,活塞下降,同时通过管路打开平衡阀中的顺序阀,使液压缸无杆腔的液压油回流至油箱。

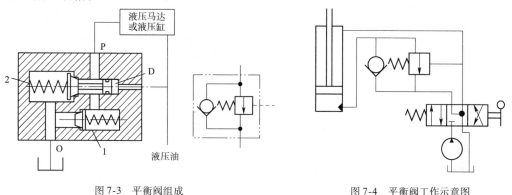

图 7-3 平衡阀组成
1-单向阀;2-顺序阀

图 7-4 平衡阀工作示意图

第二节 液压基本回路

为了确保汽车起重机与自卸汽车在装卸货物的过程中完成起吊、回转、卸载、返回或举升等一系列动作,通常,液压系统由一些简单的基本回路来实现上述动作。其中,常用的基本回路有:压力控制回路、方向控制回路和速度控制回路。

一、压力控制回路

压力控制回路的控制液压系统的整体或部分压力,以使液压系统获得足够的力或力矩,压力控制回路包括:调压回路、减压回路、增压回路、卸荷回路、保压回路、平衡回路等。

(一)调压回路

在定量泵系统中,系统压力的调定主要使用溢流阀。在变量泵系统中,主要由安全阀来限定系统最大压力,防止系统过载。调压回路一般有单级调压回路、二级调压回路和多级调压回路。

1.单级调压回路

单级调压回路由定量泵、溢流阀等组成。定量泵输出的流量大于进入液压缸的流量,系统压力超过限定值时,多余流量经溢流阀流回油箱。如图7-5所示的液压回路中,定量泵1输出的流量经节流阀7进入系统,溢流阀8将多余流量泄回油箱。

2.二级调压回路

二级调压回路常用于液压缸活塞往返行程工作压力差别较大的情况,如图7-6所示。当换向阀在左位工作时,活塞处于工作行程,系统内压力较高,压力由溢流阀1调定。当换向阀在右位工作时,活塞返回,压力较低,系统内压力由溢流阀2调定。

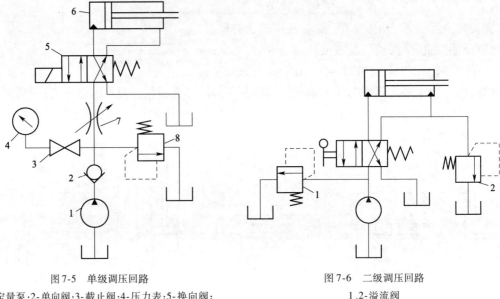

图7-5　单级调压回路　　　　　　　　　图7-6　二级调压回路
1-定量泵;2-单向阀;3-截止阀;4-压力表;5-换向阀;　　　　1、2-溢流阀
6-液压缸;7-节流阀;8-溢流阀

3.多级调压回路

多级调压回路用于系统在不同工作阶段需要多种工作压力的情况,如图7-7所示。当换向阀在左位时,系统压力由调压阀5调定;当换向阀在右位时,系统压力由调压阀6调定;当换向阀在中位时,系统压力由溢流阀1调定。在此回路中,调压阀5、调压阀6用于调定两种不同的低压压力,溢流阀1用于调定高压压力。

(二)减压回路

减压回路的作用是使系统中的某一部分油路具有较低的稳定压力,最常见的减压回路是在需要减压的油路前串联定值减压阀。

1.单级减压回路

如图7-8所示,这是一种典型的单级减压回路。其在需要减压的油路上由减压阀3调定,主油路压力由溢流阀2调定。减压阀3后串联单向阀,作用是防止油液倒流,起到一定的保护作用。

2.二级减压回路

如图7-9所示是一种常见的二级减压回路。先导式减压阀3的遥控口端与二位二通电磁阀 4、调压阀 5 相连,当二位二通电磁阀 4 断开时,减压支路压力由减压阀 3 调定,当二位二通电磁阀 4 接通时,减压支路压力由调压阀 5 调定。调压阀 5 设定的压力值必须小于减压阀 3 的设定值。

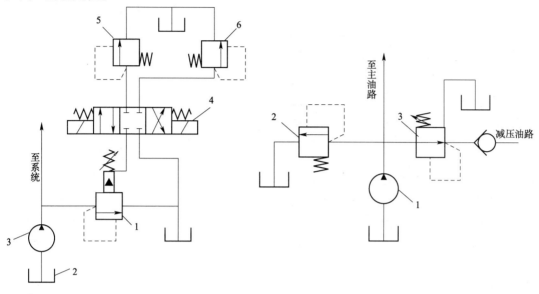

图 7-7　多级调压回路

1-溢流阀;2-油箱;3-液压泵;4-换向阀; 5、6-远程调压阀

图 7-8　单级减压回路

1-液压泵;2-溢流阀;3-减压阀

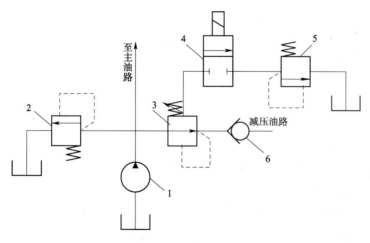

图 7-9　二级减压回路

1-液压泵;2-溢流阀;3-先导式减压阀;4-二位二通电磁阀;5-调压阀;6-单向阀

(三)增压回路

增压回路的作用是提高系统中某一支路的压力,实现压力增大的效果。一般有单作用增压缸增压回路、双作用增压缸增压回路等。

1.单作用增压缸增压回路

单作用增压缸增压回路如图 7-10 所示,由大汽缸和小液压缸串联而成,利用活塞两面的面积差产生增压作用。当储气罐中的压缩空气以 p_1 进入大汽缸 a 腔,推动活塞右移,小液压缸 b 腔既能输出压力为 p_2 的高压油。

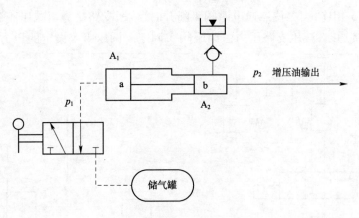

图 7-10　单作用增压缸增压回路

2.双作增压缸增压回路

双作用增压缸增压回路如图 7-11 所示,该回路能够连续输出高压油。换向阀 5 处于左位时,液压泵输出的液压油进入增压缸左端大、小活塞的左腔,推动活塞右移,右端小活塞右腔形成高压,高压油经单向阀 3 输出,此时单向阀 2、4 关闭。当增压缸活塞移到最右端时,电磁换向阀通电换向,增压缸活塞向左移动,连续输出高压油。

（四）卸荷回路

卸荷回路的作用是在液压泵驱动电动机不需要频繁启停的情况下,使液压泵输出的液压油在低压下流回油箱,以减少功率损耗,延长液压泵和电动机的使用寿命。常见的卸荷回路如图 7-12 所示,当三位换向阀处于中位时,工作停止,液压泵输出的液压油直接流回油箱,液压泵不需要停止工作,这种回路仅适用于小流量的液压系统。

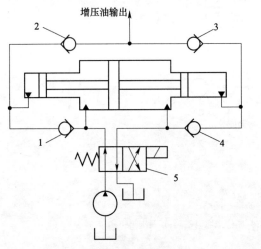

图 7-11　双作用增压缸增压回路
1、2、3、4-单向阀;5-电磁换向阀

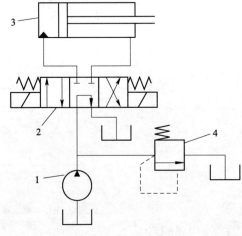

图 7-12　卸荷回路
1-液压缸;2-换向阀;3-液压缸;4-溢流阀

（五）保压回路

保压回路的作用是在液压缸不动或仅有微小位移的情况下稳定住系统压力,使系统压力保持不变。常见的自动补液式保压回路如图 7-13 所示。当换向阀 2 右位工作时,液压缸上腔为压力腔,压力达到预定值时,压力表 4 触发信号,切换换向阀中位工作,此时液压泵卸荷,单向阀3保压;当液压缸压力下降到一定值时,压力表发出信号,换向阀右位接入回路,为液压缸上腔补液,使压力回升。

(六)平衡回路

平衡回路的作用是防止垂直或倾斜布置的液压缸因为与之相连的部件自重较大而自行快速下落。图7-14是由单向顺序阀组成的平衡回路,单向顺序阀的调定压力稍大于工作部件的重量引起的液压缸下腔压力。当液压缸不工作时,单向顺序阀关闭,工作部件不会自行下滑。换向阀2处于左位时,液压缸上腔通压力油,当下腔压力油大于顺序阀的调定压力时,顺序阀开启,活塞下移。换向阀处于右位时,压力油经过单向阀进入液压缸下腔,活塞上行。

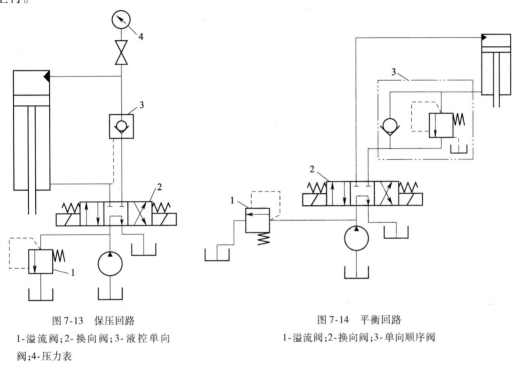

图7-13 保压回路
1-溢流阀;2-换向阀;3-液控单向阀;4-压力表

图7-14 平衡回路
1-溢流阀;2-换向阀;3-单向顺序阀

二、方向控制回路

方向控制回路是通过各种方向阀在液压系统中控制执行元件的启动、停止并改变运动方向。方向控制回路包括:启停回路、换向回路、锁紧回路等。

(一)启停回路

在执行元件需要频繁启动或停止的液压系统中,一般不需要频繁启停电动机,否则对电动机不利,因此在液压系统中常采用启停回路。

常见的启停回路如图7-15所示。图7-15a)回路中,当换向阀左位工作,油路切断,泵输出液压油经溢流阀3流回油箱,此种回路泵压较高,功率消耗大,不经济。图7-15b)回路中,当换向阀左位工作,油路切断,液压油经换向阀流回油箱,此时泵在很低的压力下运转,功率消耗小。

(二)换向回路

换向回路的作用是变换执行机构的运动方向,使运动部件的换向,一般可采用各种换向阀来实现,双作用液压缸换向一般可采用二位四通(或五通)及三位四通(或五通)换向阀来实现。如图7-16所示的换向回路,是通过三位四通阀切换到左位或右位控制活塞向左或向右运动。

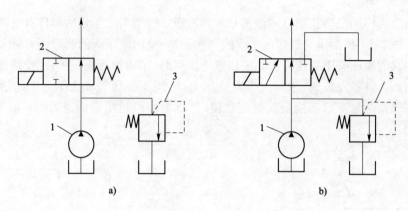

图7-15　启停回路
1-液压泵;2-换向阀;3-溢流阀

(三)锁紧回路

锁紧回路的作用是保证工作部件在某一位置上停留一段时间,如汽车起重机为使工作可靠,伸出的支腿必须停留在原来的支撑位置上,不能因载荷而沉降,这时就需要使用锁紧回路,常见的有液控单向阀锁紧回路和机械制动器锁紧回路。

在如图7-17所示的液控单向阀锁紧回路中,该回路在液压缸的进出油路都装有液压锁(也称液控单向阀)的双向锁紧回路。换向阀左位工作时,压力油经左边液控单向阀进入液压缸左腔,同时通过控制口打开右边的液控单向阀,使液压缸右腔液压油流回油箱,活塞向右运动。反之向左运动。执行部件到了需要停留的位置,换向阀换至中位工作,两个液控单向阀均关闭,使活塞双向锁紧。回路中由于液控单向阀密封性好,泄漏极少,所以锁紧的精度主要取决于液压缸的泄漏。这种回路在起重运输车、工程机械等需要有锁紧要求的地方有广泛的应用。同时,回路中一般会装有平衡回路,具有限速的作用,当重物下降时起到限速作用,防止重物下降时速度增快而造成事故。

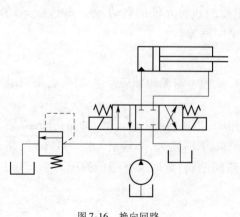

图7-16　换向回路

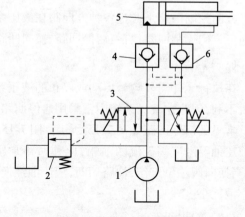

图7-17　液控单向阀锁紧回路
1-液压泵;2-溢流阀;3-换向阀;4、6-液控单向;5-液压缸

机械制动器锁紧回路,由于液压马达存在泄漏,因此在由液压马达驱动的工作装置上不能仅靠阀来锁紧,且需要用到机械制动器。如图7-18所示,当电磁阀2的左位(或右位)工作时,可驱动液压马达正(反)向旋转,液压油经过单向节流阀3进入制动液压缸4下腔,在液压油的作用下制动块5克服弹簧压力放松制动,使液压马达正常工作。当电磁阀2处于中位时,制动液压缸下腔液压油通过单向节流阀3流回油箱,在弹簧力的作用下,制动块4进行制动,锁紧液压马达。单向节流阀的作用是在制动块5松开液压马达时,通过节流的作用较慢地松开制动,避免液压马达启动时的冲击。这种锁紧回路在汽车起重机中十分常见。

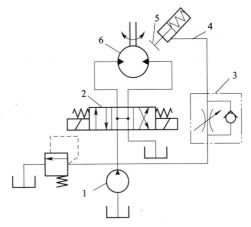

图7-18 机械制动器锁紧回路
1-液压泵;2-三位四通电磁阀;3-单向节流阀;4-制动液压缸;5-制动块;6-液压马达

第三节 典型汽车起重机液压回路

汽车起重机是安装在标准或专用的载货汽车底盘上的全旋转悬臂起重设备,车轮采用弹性悬挂,行驶性能接近汽车。一般车头设有操作室,大多数汽车起重机还在转台上设有起重操作室。

QY20B型汽车起重机(图7-19)属于重型汽车起重机,起重机各执行元件动作独立性强,同时又需要做复合运动,液压系统结构复杂,多采用多泵多路液压系统。整个液压系统的动力来源于取力器驱动的三联齿轮泵组,每台泵独立地为相应系统供应液压油。液压汽车起重机主要有五个液压回路:支腿收放回路、回转机构回路、伸缩臂回路、变幅回路和起升回路,液压系统原理如图7-20所示。下面依次介绍各回路的工作过程。

图7-19 QY20B型汽车起重机

一、支腿收放回路

汽车起重机的行驶系统与商用车相同,使用弹性悬架、轮胎,无法在起重过程中保证稳定。若直接装卸货物,而不加装支腿起稳固作用,很容易因受力过大而发生安全事故,因此支腿是汽车起重机必备的工作装置,以提高工作时的稳定性和安全性。

QY20B 汽车起重机共有四组支腿,前后各两组,每组支腿有一个水平推力液压缸,一个垂直支承液压缸。工作时,水平推力液压缸将垂直支承液压缸水平推出车外,垂直支承液压缸放下支腿,并且根据地面高度调整支腿放下长短,以适应路面的不平。

支腿收放液压回路由泵 1.1 提供动力,液压油通过组合阀 6 来控制水平推力液压缸与垂直支承液压缸的收放,组合阀 6 中包括溢流阀 6.1,其作用是控制支腿收放回路中的最大工作压力;选择阀 6.2,其作用是选择让液压油进入支腿收放回路或进入回转回路,使相应系统工作;水平缸换向阀 6.3,其作用是调整水平缸的收放;垂直缸换向阀 6.3,其作用是调整垂直缸的收放。

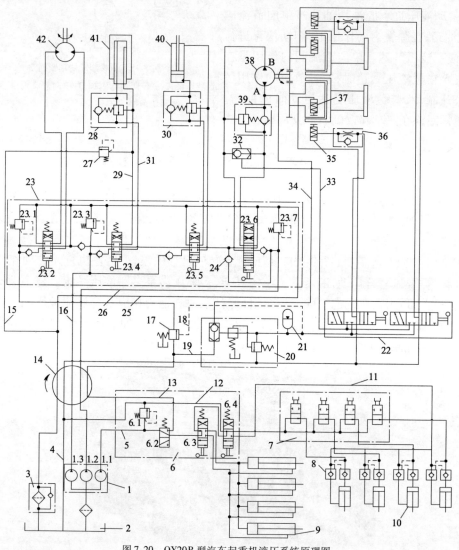

图 7-20 QY20B 型汽车起重机液压系统原理图

1- 三联齿轮泵;2- 油箱;3- 回油精滤器;4、5、11、12、13、15、16、18、19、25、26、29、31、33、34- 管路;6- 支腿组合阀;7- 转阀;8- 液压锁;9- 支腿水平缸;10- 支腿垂直缸;14- 中心回转接头;17- 顺序阀;20- 组合阀;21- 储能器;22- 操纵阀;23- 多路换向阀;24- 止回阀;27- 溢流阀;28、30、39- 平衡阀;32- 梭阀;35- 制动液压缸;36- 单向阻尼阀;37- 离合器缸;38- 起升马达;40- 变幅缸;41- 伸缩臂缸;42- 柱塞马达

1. 水平缸工作

选择阀 6.2 置于上位时,液压油经泵 1.1 通过管路 5 到达水平缸换向阀 6.3。若水平缸

换向阀 6.3 置于上位,液压油进入水平缸 9 的无杆腔,推动活塞杆水平外移,将垂直缸推出车外;若水平缸换向阀 6.3 置于下位,液压油进入水平缸 9 的有杆腔,推动活塞杆水平内移,将水平缸收回,如图 7-21 所示。

2. 垂直缸工作(如图 7-22 所示)

选择阀 6.2 置于上位,水平缸换向阀 6.3 置于中位时。液压油经泵 1.1 通过管路 5 到达垂直缸换向阀 6.4。若垂直缸换向阀 6.4 置于上位,液压油经导通的转阀 7 进入垂直缸 10 的无杆腔,推动活塞杆垂直外伸,支承车身质量,路面不平时,适时调整转阀 7,控制活塞杆垂直外伸不同长度,保证车身水平,当只需要调整一个支腿的高低时,将另外三个垂直缸的转阀 7 调整为关闭,则泵 1.1 工作时液压油不进入这三个垂直缸,可单独调整一腿高度;若垂直缸换向阀 6.4 置于下位,液压油进入垂直缸 10 的有杆腔,推动活塞杆将支腿收回。

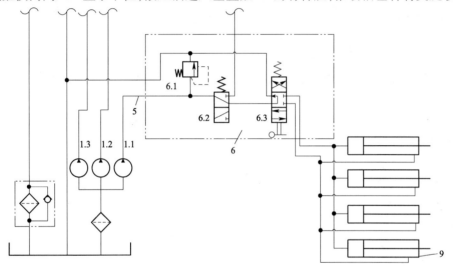

图 7-21 水平缸工作回路

图注见图 7-20

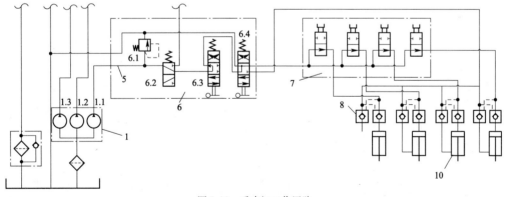

图 7-22 垂直缸工作回路

图注见图 7-20

在垂直缸上安装有液压锁 8,以防止支腿工作时因滑阀泄漏或管路破裂使垂直缸无杆腔内的液压油泄漏,造成活塞杆缩回,引发事故。

二、回转机构液压回路

支腿放下将汽车起重机支撑稳固后,可以进行后续的工作过程。回转机构的作用是将上车回转一定角度,以使起重机臂架能够对准需要起吊的作业点。

如图7-23所示,选择阀6.2下位工作时,泵1.1排出的液压油经管路5、阀6.2、管路13中心回转接头14通至上车。通向回转机构的管路中装有外控顺序阀,其调压范围是5至9MPa。管路压力小于5 MPa时,顺序阀关闭,液压油经管路19向储能器21充液。当储能器压力达到9 MPa时,压力满足回转机构工作要求,则顺序阀开启,液压油供给回转机构。

控制液压马达的换向阀23.2为三位六通阀,当换向阀处于中位时,液压油经回油管流向精滤器3,最终流回油箱,液压马达不工作。当换向阀处于上位或下位时,液压油驱动液压马达顺时针或逆时针旋转,通过减速装置驱动臂架回转。回转时上下平台液压件的连接依靠中心回转接头14来确保连接,是液压系统工作不受转动的影响。由于臂架回转时转动惯量很大,为了能够及时使臂架停止回转保持在某一位置不滑动,在液压回路中设置有止回阀和回转回路溢流阀。

三、伸缩臂液压回路

当回转机构使臂架对准作业点后,需要改变臂伸出的距离,使吊钩对准作业点。伸缩臂液压回路的作用就是通过伸缩臂缸伸出或缩回臂架,改变臂架吊钩与车体之间的距离。

如图7-24所示,伸缩臂缸41由泵1.3提供动力,液压油经中心回转接头14、管路16,进入伸缩臂换向阀23.4,驱动伸缩臂缸。

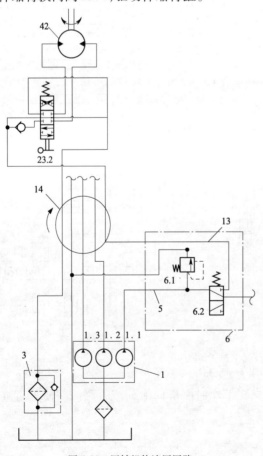

图7-23　回转机构液压回路
图注见图7-20

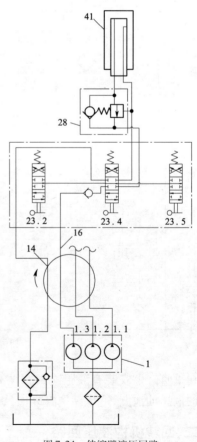

图7-24　伸缩臂液压回路
图注见图7-20

换向阀23.4置于下位时,压力油经平衡阀28中的止回阀进入伸缩臂缸41的无杆腔,使活塞上移,臂架伸出。当换向阀23.4置于上位时,液压油进入伸缩臂缸41的有杆腔,同时将平衡阀28的顺序阀打开,无杆腔回油,活塞下移,臂架缩回。当臂架由于所吊货物较重而缩回速度过快时,缸内活塞下移速度加快,有杆腔及其进油管路中的油压下降,平衡阀28的顺序阀开度变小,防止臂架突然缩回,造成事故。换向阀23.4置于中位时,液压缸有杆腔迅速泄压,平衡阀迅速关闭,活塞停止下降,被锁定在该位置,此时泵1.3输出的液压油通至换向阀23.5。

换向阀23.4与伸缩臂缸41之间装有限制活塞下降速度的平衡阀28,构成平衡回路。

四、臂架变幅液压回路

当回转机构使臂架对准作业点后,需要改变臂架与车体之间的角度,使吊钩对准作业点。臂架变幅液压回路的作用就是通过变幅缸举起或落下臂架,改变臂架与车体之间的角度。

臂架变幅液压回路(图7-25)与伸缩臂回路并联,既可以单独动作,也可以同时动作,这两个液压回路均由泵1.3提供动力。变幅缸40与三位六通换向阀23.5之间装有平衡阀30。变幅回路与伸缩臂回路共用溢流阀23.3。

换向阀23.5置于上位时,液压油经阀30进入变幅缸40的无杆腔,使活塞上移,推动臂架向上仰起,吊起重物。换向阀23.5置于下位时,液压油进入变幅缸40的有杆腔,使活塞下移,同时将平衡阀30的顺序阀打开,无杆腔中液压油流出,臂架下落,放下重物。当臂架由于所吊货物较重而超速下滑时,缸内活塞下移速度加快,有杆腔及其进油管路中的油压下降,平衡阀30的顺序阀开度变小,防止臂架突然下降,造成事故。

五、吊重起升液压回路

起升机构的作用是使吊钩垂直吊起或放下重物。

如图7-26所示,液压起升机构的动力靠泵1.2来提供,使用大转矩起升马达38通过减速器驱动卷筒,放出或收回吊索,由换向阀23.6来进行控制,此换向阀是五位六通阀,可得到快、慢两挡起升速度和快、慢两挡下降速度。

(一)慢挡上升

操作者将阀23.6置于向上第一挡时,泵1.2输出的液压油经过中心回转接头14、管路26、换向阀23.6和平衡阀39中的单向阀进入起升马达38的油口A,马达38以低速工作,驱动减速器带动卷筒工作,缓慢吊起重物,泵1.3排出的油经阀23.5的中位排出后,再经23.6由管路25流回油箱。B口流出的液压油经阀23.6、管路25流回油箱。

(二)快挡上升

操作者将阀23.6置于向上第二挡时,泵1.3输出的液压油经阀23.5的中位排出后,经过单向阀24与泵1.2输出的液压油汇聚,泵1.2与泵1.3输出的液压油一同经过换向阀23.6、平衡阀39中的单向阀进入起升马达38的油口A。此时进入油口A的流量增大,起升

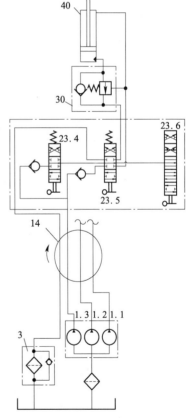

图7-25　臂架变幅液压回路
图注见图7-20

马达 38 以高转速工作,快速起升重物。B 口流出的液压油经阀 23.6、管路 25 流回油箱。

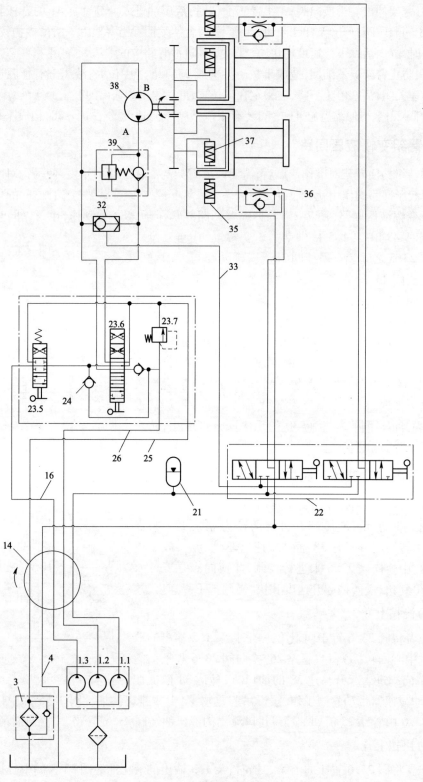

图 7-26　吊重起升液压回路

图注见图 7-20

回路中设置有起到安全作用的溢流阀23.7,当系统内压力超过溢流阀调定压力,则过多的液压油打开阀23.7,经管路25流回油箱。

(三)慢挡下降

操作者将阀23.6置于向下第一挡时,泵1.2输出的液压油经过中心回转接头14、管路26、换向阀23.6进入起升马达38的油口B,马达38以低速工作,驱动减速器带动卷筒工作,缓慢放下重物。同时液压油打开平衡阀39中的顺序阀,A口流出的液压油经顺序阀、管路25流回油箱。

泵1.3排出的油经阀23.5的中位排出后,再经阀23.6由管路25流回油箱。B口流出的液压油经阀23.6、管路25流回油箱。

(四)快挡下降

操作者将阀23.6置于向下第二挡时,泵1.3输出的液压油经阀23.5的中位排出后,经过单向阀24与泵1.2输出的液压油汇聚,泵1.2与泵1.3输出的液压油一同经过换向阀23.6进入起升马达38的油口B。此时进入油口B的流量增大,起升马达38以高转速工作,快速放下重物。同时液压油打开平衡阀39中的顺序阀,A口流出的液压油经顺序阀、管路25流回油箱。

当吊起的重物使马达超速旋转时,马达38的油口B压力减小,平衡阀39中的顺序阀开度减小,减小由A口流回油箱的流量,限制马达转速,保证重物平稳下降。此外,当平衡阀39与阀23.6之间的管路破裂时,可防止重物突然下落,造成事故。

在臂架变幅液压回路、伸缩臂液压回路、吊重起升液压回路中都可见到平衡阀,其保证了起重机能够可靠、平稳地完成各项工作。

六、吊重起升液压回路与制动器、离合器的配合

通过操作换向阀22(图7-26),控制吊重起升机构的制动器与离合器,对吊重起升或落下进行控制。液压回路中设置有两个换向阀22,分别用来控制主、副起升制动与离合器。换向阀22置于中位时,制动液压缸35与离合器缸内的液压油经阀22、管路4流回油箱,此时制动器抱死,离合器松开,吊重无法起升或降下。

换向阀22置于左位时,储能器21中的液压油经阀22进入制动液压缸35,制动器松开。离合器缸37内的液压油经阀22、管路4流回油箱,此时制动器、离合器均松开,吊重可以降下。

换向阀22置于右位时,储能器21中的液压油经阀22进入离合器缸37,离合器结合。液压油经梭阀32、管路33、阀22进入制动液压缸35,制动器松开,吊重可以上升或下降。

第四节 典型自卸汽车液压回路

自卸汽车由汽车底盘、液压举升机构、取力装置、货厢等组成,自卸汽车中的液压举升机构与汽车起重机中的臂架变幅液压回路较为相似,其作用是支撑起货厢,使货厢中的货物依靠重力自行卸下。

长安SC3043JD32自卸汽车(图7-27)整车总质量4280kg,整备质量2590kg,装载质量2900kg,最高车速80km/h,装载容积5.6m³,最大举升降落时间20s。

图7-27　长安SC3043JD32自卸汽车

　　长安SC3043JD32自卸汽车液压系统的动力通过取力器驱动液压泵来提供(图7-28)，当电磁阀处于左位时,由泵输出的液压油经单向阀2、电磁阀3、可调节流阀4进入液压缸的无杆腔,推动活塞向外运动,撑起货厢。当电磁阀3处于中位时,活塞停止运动,货厢保持在其所处位置。当电磁阀3处于右位时,由泵输出的液压油经单向阀2、电磁阀3、进入液压缸的有杆腔,推动活塞收回液压缸内,降下货厢,液压缸无杆腔中的液压油经可调节流阀4流回油箱。货厢撑起与降下的速度由可调节流阀4来控制。

　　液压系统的安全压力由溢流阀1来调定。

　　东风EQ340自卸汽车采用的液压系统原理图如图7-29所示,在进行举升操作时,换向阀6处于右位,泵输出的液压油进入液压缸1、7的无杆腔,推动活塞外移,有杆腔中的液压油经管路8回流至油箱。换向阀6处于左位时,液压泵并不停止工作,其输出的液压油经换向阀6直接流回油箱4中,液压缸中的活塞依靠货厢的自重作用下降。

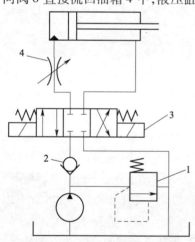

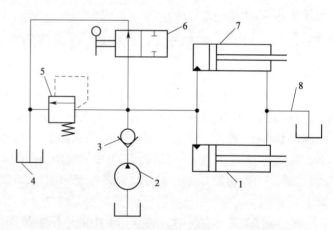

图7-28　长安SC3043JD32自卸汽车
　　　　液压系统原理图

1-溢流阀;2-单向阀;3-电磁阀;4-可调
节流阀

图7-29　东风EQ340自卸汽车液压系统原理图

1、7-液压缸;2-液压泵;3-单向阀;4-油箱;5-溢流阀;6-换向阀;
8-管路

参 考 文 献

[1] 王增材.汽车液压控制系统[M].北京:人民交通出版社,2012.

[2] 王春行.液压控制系统[M].北京:机械工业出版社,1995.

[3] 李洪人.液压控制系统[M].北京:国防工业出版社,1990.

[4] 田源道.电液伺服阀技术[M].北京:航空工业出版社,2008.

[5] 魏春源,张卫正,葛蕴珊.高等内燃机学[M].北京:北京理工大学出版社,2001.

[6] 陈家瑞.汽车构造[M].4版.北京:人民交通出版社,2002.

[7] 胡宁.现代汽车底盘构造[M].上海:上海交通大学出版社,2003.

[8] 李春明.现代汽车底盘技术[M].北京:北京理工大学出版社,2009.

[9] 霍尔德曼,米切尔.汽车制动系统[M].钟永发,等,译.北京:中国劳动社会保障出版社,2006.

[10] 周志立,徐斌,卫尧.汽车ABS原理与结构[M].北京:机械工业出版社,2005.

[11] 高玉民,王正润.ABS防抱制动系统[M].福州:福建科学技术出版社,2001.

[12] 张西振,惠有利.轿车ABS/ASR系统检修培训教程[M].北京:机械工业出版社,2002.

[13] 肖永清,杨忠敏.汽车前桥及转向系统结构与维修[M].北京:国防工业出版社,2004.

[14] 王霄锋.汽车悬架和转向系统设计[M].北京:清华大学出版社,2015.

[15] 朱家琏,鲁达.汽车与工程机械液压传动[M].北京:人民交通出版社,1984.

[16] 容一鸣.汽车液压传动[M].广州:华南理工大学出版社,2011.

[17] 路甬祥.液压气动技术手册[M].北京:机械工业出版社,2002.

[18] 张春阳.液压与液力传动[M].北京:人民交通出版社,2003.

[19] 雷天觉.液压工程手册[M].北京:机械工业出版社,1990.

[20] 王广怀.液压技术应用[M].哈尔滨:哈尔滨工业大学出版社,2001.

[21] 范存德.液压技术手册[M].沈阳:辽宁科学技术出版社,2004.

[22] 张利平.现代液压技术应用220例[M].北京:化学工业出版社,2004.

[23] 齐晓杰.汽车液压、液力与气压传动[M].北京:化学工业出版社,2014.

[24] 马恩,李素敏,等.液压与液力传动[M].北京:清华大学出版社,2015.

[25] 田晋跃.车辆液压与液力传动[M].北京:化学工业出版社,2016.

[26] 周长城.汽车液压筒式减振器设计及理论[M].北京:北京大学出版社,2012.

[27] 黄志坚.车辆液压气动系统及维修[M].北京:化学工业出版社,2015.

[28] 齐晓杰.汽车液压与液力传动[M].北京:机械工业出版社,2012.

[29] 彭忆强.汽车电子及控制技术基础[M].北京:机械工业出版社,2014.

[30] 倪杰.安装液压互联悬架三轴重型货车的建模分析与试验研究[D].长沙:湖南大学,2015.

[31] 侍红岩,潘守礼,等.基于模糊PID的汽车主动悬架控制策略研究[J].机床与液压,2015,43(24):67-74.

[32] 杨健,苏华山,刘军辉.液压悬架系统阻尼特性分析[J].机床与液压,2015,43(11):145-147.

［33］潘公宇,陈云.主动液压悬架建模及最优控制［J］.重庆理工大学学报,2015,29(4):1-7.

［34］徐瀚辉.双筒式液压减振器可靠性分析与试验［D］.杭州:浙江理工大学,2015.

［35］王先云.液压减振器建模及在整车性能调校中的应用研究［D］.长春:吉林大学,2012.

［36］Tan Runhua,Chen Ying,Liu Baoshan,Lu Yongxiang. Comples nonlinear mathematical model for a kind of vehicle shock absorbors［J］. Chinese Journal of Mechanical Engineering,1999,12(1):33-40.

［37］吴英龙,赵华,张国刚.车辆液压减振器设计理论与仿真［J］.农业机械学报,2013,44(12):29-35.

［38］贾铭新.液压传动与控制［M］.3 版.北京:国防工业出版社,2010.

［39］杨承.现代汽车中的电液控制系统［M］.昆明:西南林业大学出版社,2001

［40］王意.车辆与行走机械的静液压驱动［M］.北京:化学工业出版社,2014.

［41］杨华勇,赵静一.汽车电液技术［M］.北京:机械工业出版社,2013.

［42］曲衍国,张振华.物流技术装备［M］.北京:机械工业出版社,2016.

［43］于英.物流技术装备［M］.北京:北京大学出版社,2010.